园居的一年

A year
in my
garden

兔毛爹 ◎ 著

长江出版传媒
湖北科学技术出版社

图书在版编目（CIP）数据

园居的一年 / 兔毛爹著 . — 武汉 : 湖北科学技术出版社, 2018.2
ISBN 978-7-5352-9808-9

Ⅰ . ①园… Ⅱ . ①兔… Ⅲ . ①园艺 Ⅳ . ① S6

中国版本图书馆 CIP 数据核字 (2017) 第 264021 号

责任编辑：胡　婷
封面设计：胡　博

出版发行：湖北科学技术出版社

地址：武汉市雄楚大街 268 号（湖北出版文化城 B 座 13-14 层）

邮编：430070

电话：027-87679468

网址：www.hbstp.com.cn

印刷：武汉市金港彩印有限公司

邮编：430023

开本：787 x 1000　1/16　12 印张

版次：2018 年 2 月第 1 版
　　　2018 年 2 月第 1 次印刷

字数：150千字

定价：58.00 元

（本书如有印装问题，可找本社市场部更换）

お言葉

　　兎毛爹さん「園居の一年間」の著書出版をおめでとうございます。僕は日本の北部、北海道でリトルロックヒルズと言う庭を作っています。中国や色々な国からお客さまがいらっしゃる場所です。北海道には色々な庭がありますが、では庭とは何でしょうか？ 花壇と庭の違いは？ 皆さんご存知のように同じ花がただ並べて咲くのが花壇、植物や石及び煉瓦を組んだ構築物と休息の場所の組み合わせが庭と僕は考えます。そして季節の芽吹きの時、花咲く時、紅葉の時、季節の移ろいの中で人々を繋ぐそれが僕の考える庭であり、庭とは生活の中心、人々が集う居間の延長線上にあるのです。花がいっぱいの庭じゃなくても、人が自然を変形して加工する時、それは常に自然の冠と成るべきと思います。美しい庭とはピッタリの冠を捧げられた自然である！ 庭は受け継がれるもので、何世代に渡って造り、幸せを続けて行くものです。国や言葉が違っても庭が繋ぐ貴重な出逢いを大切にし、そして世界と繋がりたく、美しい時を共用したいのが僕の願いです！ 兎毛爹さんの書かれたこの本が中国の皆さんの庭造りに役立つ事を願っております。

リトルロックヒルズ　代表兼ガーデンデザインナー　松藤信彦

2017 年 10 月

前言

　　首先祝贺兎毛爹《园居的一年》的出版。在北海道我有一座名为"小岩山"（Little Rock Hills）的英式花园，时而迎接着中国和其他国家的宾客。北海道有着各种各样的花园，花园究竟是什么？ 花坛与庭园的不同之处在哪儿？ 正像诸位所知晓的，所谓花坛就是把同样的花摆放在一起组合成你所喜爱的景观。草木、砖瓦、石块、构建物，以及休闲区域组合为一体便构成了庭园。发芽之时、开花之时、红叶之时，这些都能成为一年四季中人与人之间的幸福纽带，也是我的庭园构想。花园是生活的中心，也是亲朋好友聚会场所的延伸。不必在乎花的多少，当我们进行人工雕琢时，不要忘记大自然赋予我们的美好。庭园也是可以传承的财富，一代代人接替培育并享受其乐。不必在乎国籍的不同、语言的不同，凭借庭园这一美丽的纽带，珍惜来自世界各个角落的缘分，让人们可以相识、相聚，共享其乐。希望兎毛爹的书能为中国的花友们带来更多的启发。

Little Rock Hills 代表兼花园设计师　松藤信彦

-译者 李楼-

2017年10月

园居一年，广师天下

园居的一年，兔毛爹从2016年熔断写起，写满一年，每月一个主题。从育种到花境设计，从放飞的纸鸢到诗经花园、莎士比亚花园的追梦人，有典故，有噱头。从采菊东篱下写到近年在西方非常盛行的园艺疗愈，以具体的笔记体记载了爱园人的生活追求，这些都有赖于兔毛爹的长期观察。谈古论今，一气呵成。兔毛爹摄影技术极佳，边拍摄边用手账记载，一年一本书，绝不停顿。

在我看来，"园居"既可泛指居住在带花园的房子里，也可指每年的3~11月，花园主人辛苦打理花园、满怀喜悦呼朋唤友的花园开放日（Open Garden）——"花历"。北方的11月，供暖初始，从第一场秋雨到天寒地冻只有一个月的时间。园丁们需要在11月30日之前，趁着地还没有完全上冻，用铲子或者球茎专用种植器种下一筐筐次年观赏的各种美貌、芬芳的球茎植物。番红花、风信子、郁金香、大花葱、洋水仙，虽然都长得和洋葱差不多，但价格可不菲。

在劳作耕耘的间隙，园丁们也会行万里路，呼朋唤友，广师天下。

5月底，他们照例会去参观英国著名的切尔西花展。百年花展集结了各国造园艺术家的热情，可谓园艺界的米兰时装秀。近年来最流行的是可食用花园（Edible Garden）和观赏草花园。8月末，他们会去南非的纳马夸兰欣赏大自然的鬼斧神工。野花花海、各色雏菊和多肉交相辉映，随风馥郁，把天和地染成一片明黄，或者一片洁白。秋天的时候，最好不走远，可前往江南最具特色的私家园林——上海朱家角的课植园。在夜色笼罩下听听实景昆曲《牡丹亭》：亭台楼阁，清风朗月，箫声幽远。在金桂芬芳中感受历史、园林、雅乐，以及年轻的爱情。一年四季，任何心烦意乱的时候，都可以去往日本，感受寺院、枯山水和草月流派插花，让极度的内敛和简洁带来内心的自省。

"适用"是人类进行一切创造性活动的首要要求，例如杯子要能喝水，不漏。椅子能承重一个160斤的人，不倒。进行一个创造性的活动，要满足一个特定的需要，但花园是个例外。花园不是为"适用"而存在的，而是我们所爱之生命的陪伴，是生命的不可或缺。它渴望生命纯粹的付出。兔毛爹撰文经过，我也有所想，遂记录于江南上空。

宜信公司高级副总裁、首席品牌官、首席用户体验官

吕海燕

摄影：郭延冰

拿起笔 ， 写下属于你的《园居的一年》

美国生物学家蕾切尔·卡森（Rachel Carson）曾经说过，重返自然、回归大地是一件健康而且必要的事情，对自然之美的沉思会让我们知道，为什么我们应该对大自然保持惊叹和谦逊。

蕾切尔·卡森在1962年写就的《寂静的春天》一书，开创了环保主义的先河。但此书出版仅两年，身患癌症的卡森就去世了。然而，在她去世50多年后，我们的城市却被她不幸言中，进入了"当春天到来时，在自家后院里已听不到鸟鸣"的后工业时代。卡森在她的书中写道："不是魔法，也不是敌人的活动使这个受损害的世界（中）的生命无法复生，而是人们自己使自己受害。"她的这句话曾深深地打动过我，也最终让我成为一名环保主义的践行者。

诚然，在现实的社会环境中，若想以一己之力去驱散弥漫于我们身边的雾霾几乎是徒劳的。然而，我想：至少，我可以在自家的花园里多种些花花草草，让自家后院的春天率先"热闹"起来。以后，爱园艺的人多了，每家的后院都"热闹"了，我们的世界不就恢复以前的生机了吗。那个世界，就是我，也是一个环保主义践行者心目中的美丽新世界。

是故，自2008年起，我开始着手建造自己的花园，也开始着手改变自己身边的微环境。然而，作为一个自幼生活在北京的都市人，我很快就发现，原来"执锄"与"执笔"，"实际"与"理论"之间，存在很大差别。

为了成为一名合格的园丁，我曾经阅读过大量国内外发行的园艺书籍。这些书籍的确让我大开眼界，懂得了很多有关园艺的知识。但是，在现实中，我却饱受了按"书"索骥的痛苦。我曾经选购过大量原产于国外的种苗和植株，按照说明书精心侍养，结果却鲜有成功。痛定思痛，究其原因。一切约如《晏子春秋》所云："橘生淮南则为橘，生于淮北则为枳，叶徒相似，其实味不同。所以然者何？水土异也。"园艺学与气候、环境和地理学休戚相关，生搬硬套书本知识的做法是靠不住的。比如，3月12日是中国的植树节，但在北方，春种的日子要再推后15天左右才合理。又如，我在《我承诺给你的美丽新世界》一书中曾写道：从南朝人所著的《荆楚岁时说》上看，古人的"二十四番花信风"，大约起于小寒，止于谷雨。可我的种植经验告诉我，这般浪漫的"花信风"，由南到北，要在春分前后才会"吹"到我家。此时，在花园里最先盛开的却不是"岁寒三友"中的梅花，而是古书中鲜有记载的荷兰郁金香。

气候、时间甚至时代的不同，会使生活在不同地域、不同时代的人获得不同的种植经验。即使同一物种因环境的变化也可能产生意想不到的变异，"南橘北枳"说的就是这个道理。那么，世间到底有没有一本园艺书可以被你完全信赖，为你提供准确参考呢？答案，当然是"有"。这本书就是你拿起笔写下的，属于自己的《园居的一年》。

很多人视"写书"如"蜀道"，觉得"难于上青天"。然而，我却不以为然。在我眼中，写书是一件日积月累的事，其过程非常简单。你只需记录下每天、每周或每月身边发生的事、园艺心得或者花园的微小变化，日久天长，这些零散的记忆就能汇总成一本完美的"花园手账"了。

这本《园居的一年》即可视为一本花园手账，其兼具两大功能。其一，记录过去；其二，规划未来。

俗话说："好记性不如烂笔头。"此语道出了记录过去的重要性。在对园艺的学习和实践中，我常常会有一些体会和心得，假如当时不用"烂笔头"记下来，之后很可能被忽视或忘记。比如，我曾经在一本书中读到过有关薰衣草的种植方法。书上说：5月，宜将薰衣草幼苗移栽于畦。但我却将"移栽"时间，错记成了"育种"时间。次年，一直等到5月我才兴高采烈地将薰衣草置于育种盘中育种，结果，种子虽然发了芽，但由于6月的地表温度已经过高，所以育种失败。直到日后再读那本书时，我才偶然发现了失败的原因。于是将这次失败记录了下来，并最终按照正确的方法成功培育出了一小片薰衣草花田。

又如，我曾经无数次到国外探访花园，探访时总是心得满满，然而，回国后想把这些心得记录下来的时候，却发现当时的"实感"早已忘到了九霄云外，此时的心中已经空空如也。

这些实例告诉我，人的记忆是靠不住的，唯有精准的记录才足以让过去的日子永驻于心。是故，在之后的旅行中，我总会带上一本小小的手账，而那些存于手账中的"日子"亦最终汇总成了你即将读到的这本《园居的一年》。

人生需要规划，花园也一样。记录过去固然重要，但记录过去的目的却是为了更好地规划未来。古人所谓"温故而知新"讲的就是这个道理。

2015年，在我家的花园里爆发了大面积的萱草锈病（病因：植株过密，通风不好），之后，通过扩大株距等方法才抑制住了锈病的蔓延。2016年，因为反复研究了前年的记录，在萱草刚刚发芽的时候，我就果断地采取了分株的措施，如是，当年的萱草不但没有得病，反而长势喜人。

　　除了防微杜渐，这本花园手账，亦有助于花园的改良。园艺讲求变化，所以，每年1月，我都会依据往年的"记录"对花园配植重新进行调整。在这一点上，去年的手账，远远要比去年的记忆，鲜活且可靠得多。2017年1月，我和编辑商量，干脆把这"手账"也编到这本书里。如此，你边阅读，边记录。一年下来，不就也和我一样拥有了一本属于自己的《园居的一年》了吗！如果日后大家都拥有了自己写的花园书，那么这个世界不就热闹起来了吗！

　　现在是2月，早春的2月。此时，我已画好了新的花园草图，也已穿戴整齐，准备拿起锄头，走到属于自己的那一小片沃土上，耕耘我那尚不算"热闹"的春天。

　　那么，你呢？此时是否也已准备好，拿起锄头和我一起在花园里做些"健康而且必要"的事情，同时也写下属于自己的《园居的一年》。

兔毛爹　搁笔于 2017年那个略显寂静的春天

目 录
CONTENTS

01 / JANUARY   012

2016年的"开年"注定令人难忘！

02 / FEBRUARY   022

2月，最重要的节气是"立春"，最重要的节日是"春节"。

03 / MARCH   038

3月，草色遥看近却无。

04 / APRIL   054

4月，听风、看雨。雨是花瓣雨，风是花信风。

05 / MAY   070

5月，是妩媚的。这种妩媚和园艺，以及开遍天涯的五月花有关。

06 / JUNE   082

6月，萱草盛开在遥不可及的彼岸。

07 / *JULY* 098

7月，北方大旱，南方大涝。

08 / *AUGUST* 118

8月，热煞人也!

09 / *SEPTEMBER* 136

白露刚过，北京的天很快就露出了老舍笔下的
"北平蓝"。

10 / *OCTOBER* 148

10月，朔风吹落了金黄的秋叶，给大地盖上了一层暖暖的被子。

11 / *NOVEMBER* 160

11月，雪至此而盛。秋庭不扫携藤杖，闲踏梧桐黄叶行。

12 / *DECEMBER* 176

12月，被天下所有的孩子期待!

01

...

园 居 的 一 年

* JANUARY

股市开市 4 日,我便明白了什么叫"熔断"。然而,4 日之内的 4 次"熔断"几乎将我的金融资产消耗殆尽。自此,我终于相信了来自于华尔街的魔咒:不利的开年终将导致一年的不利。

辛辛苦苦 30 年,一"熔"回到解放前。开年这次意想不到的"大溃败"迫使我不得不暂时搁置了早已制订好的在城里"再置业"的计划,重新开始考虑如何将郊外的"废园"修修补补(为什么说是"废园"呢? 因为女儿在城里读书,近两年我们一家大多住在城里,郊外的园子就慢慢被荒废了),以应对 2016 年这个开局不利的"流年"。

　　"冬雪雪冬小大寒"。虽然刚经历了金融史上罕见的"兵荒马乱"，但日子还是要一天天地过下去。修园的事大约要到开春后才能动工。为了"避祸"（"熔断"之祸），也为了"驱寒"（2016年1月是北京近30年来最冷的1月，1月23日的最低温度竟达到了 −17℃），我决定带上兔毛（女儿）到温暖的大洋洲去散散心，也顺便看看达尔文笔下那些古老的植物和南半球那些与众不同的花园。

　　就在我为寒潮所困，躲进郊外的陋室，收拾行囊，准备出发的时候，"绿手指"的编辑在私信里召唤我，邀请我为她试写本年度新开设的"绿手指"园艺专栏。我对她说："你要是早跟我提这事儿，我兴许会欣然接受。因为那时候我兜里刚好有大把的闲钱准备置办个新花园。然而，一切的一切都已在开年的4天里灰飞烟灭了。如今，'饥寒交迫'的我正准备出个远门去散心，哪儿有闲情逸致，写园艺、写花园。"编辑听完笑问："你都饥寒交迫了还有闲钱带孩子出远门？"我一边照料着盛放在寒冬里的安祖花和仙客来，一边答："我要赶在把裤兜里的现金都'嘚瑟'完之前，带着女儿把世界走完。"

和"绿手指"编辑的聊天总是令人愉快的。当然，如果她能用那只神奇的"绿手指"在一夜之间把我的"废园"整旧如新，我就更加愉快了。

我和编辑先是滔滔不绝地聊起了和女儿即将开始的南半球之旅，继而又谈到今年重修"废园"的种种构想和假设。我一会儿提到可能要在花园里建一间英式的玻璃花房，一会儿又说要在二楼的阳台上搭一座"阿拉伯范儿"的空中楼阁。最终，编辑可能被我那些不着边际的想象打动了，突然打断我，信心满满地说："只要你把2016年的花园之旅和重修'废园'的生活写一写，或许就能成就一个不错的专栏。"那一天，是我开年以来说话最多的一天。我的舌头亦仿佛一条久被严冬冻僵的蛇，在那次温暖的谈话中慢慢地复苏了起来。（对于一个热爱园艺的人来说，世间仿佛再没有什么话题比聊起园艺更令人感到温暖了。）

既然，"再置业"的梦想已在开年的瞬间化为了泡影，我便知道，我不得不留在郊外这座"废园"里"虚度"2016年这个逝若苦水的流年。

为了避免一想起"熔断"就伤心过度，我决定接受"绿手指"编辑的邀请，试着做一个以"园居的一年"为主题的年度专栏。

我曾经不止一次地听说过园艺是具有治愈功能的，早在1699年，英国人李那拖·麦加就在他的著作《英国庭院》中指出："在闲暇时，您不妨在庭院中挖挖坑，静坐一会，拔拔草，这会使您永葆身心健康。"现代的韩国人也很重视园艺治疗，他们认为通过这种方法可以减缓心跳的速度，消除不良情绪对人的影响（据说：在能看得见花草树木的场所劳动，可使劳动者产生满足感）。

而在中国古代，我们的先祖也把园艺视作修行和感悟的一部分。比如，庄子所谓的"不材之材"。据《庄子·山水》载："庄子行于山中，见大木枝叶盛茂，伐木者止其旁而不取也。问其故，曰：'无所可用。'庄子曰：'此木以不材得终其天年。'"

又如，陶渊明（陶公）所谓的"东篱采菊"。儿时读诗，我曾暗笑陶公是个歪脖儿，为此还挨过我爹的一顿板子（我爹是个传统的知识分子）。挨完揍，我不服气，问爹："他若不是歪脖儿，又怎能在东篱下采菊，悠然而见的不是东山，却是南山？"我爹听完被气乐了，反问道："他就不能斜着眼儿看吗？"少顷，见我无言以对，他才若有所思地说："陶公采的不是菊，而是古人'格物'的一种方式。诗中所说的'南山'，也不是一座真正的山，而是暗指'太极'和'宇宙'，是在采菊的实践中得出的不知而知的理。这个理太深奥，一时也讲不太清。长大后，你若能记起今日的'棒喝'，便自会领悟其中的道理。"

　　成年后，在读王守仁"格竹"的时候，我忽然想起儿时挨过的那顿板子（小时候，为了学习，我爹没少教训我）。于是，对我爹所谓的"格物"，猛然有了些许感怀。

　　我爹说的"格物"，大约出自《礼记·大学》："致知在格物。物格而后知至，知至而后意诚，意诚而后心正，心正而后身修，身修而后家齐，家齐而后国治，国治而后天下平。"而"致知"之于"园艺"，大约就是指在种植的体验中探究万物生长之理。理明则心顺，心顺则家和，家和则事兴，事兴则虽有"不材之材"，亦可得终其天年。

　　想到此，我的心就"顺"了（也打心眼儿开始原谅我爹当年的"暴行"了），而由"熔断"带来的"不材"，亦反而成了我寻求人生之"终极快乐"的理由。我的园艺经验也告诉我：桂可食，故伐之；漆可用，故割之。是故，凡事不必求全，即使是"歪瓜裂枣"，也很可能有其堪称完美的一生！

　　这一切都是真的吗？我在心里想明白的事儿，在实践中能行得通吗？而园艺真的能让人忘却来自现实生活中的烦恼与不幸吗？为了解开这些谜题，我下决心用专栏的形式向大家公开，或者说是"直播"我2016年的乡居生活，在众人瞩目下完成我未来的12个"园艺疗程"。

　　坦率地说，目前我并不知道在2016年这趟没有回程的季节列车上，到底会遇到哪些有趣的人？比如，这位驾着猫的调皮女人和那位在铁道上独自玩耍的调皮女孩。会发生些什么可笑的事？也并不知道这趟列车会搭着我相遇怎样的明媚春天和怎样的无聊小站。

目前，我唯一可以确定的是：无论如何这趟列车最终会准确地驶过2016年这个逝若苦水的流年，并且分秒不差地整点到达我想要的，或者不想要的那个所谓的"终点"。

那么，在到达终点的时候，我的"病"是否已被治愈？这趟列车又是否会刚好停在了我年初时梦想得到的那座花园的门前？一切都是谜，我现在就要背起行囊出门去寻找必要的答案。

而刚好与我同坐在一节车厢里的各位呢？

现在，请大家伸着脖子向外看。

在前方，

有拐弯。

拐弯后，

会看见，

大片、大片的早春花田……

02

园 居 的 一 年

2月，最重要的节气是"立春"，最重要的节日是"春节"。

最重要的词念上两三遍，2016年的春天就被我叨唠出来了。

西方人的概念里没有"立春"和"春节"，那么他们是如何判断春天的到来呢？

在加拿大有个土拨鼠节。据说：当日，第一只土拨鼠从地洞里爬出的时候，如果是晴天刚好能看到自己尾巴的影子，它就会结束冬眠出来觅食。看到土拨鼠觅食，人们便认为这一年的春天到来了。如果适逢阴雨，没能看到尾巴的影子，它则会回到洞里继续冬眠。见到土拨鼠冬眠，就预示着这一年的春天还要推迟一个月才会来。

在中国人看来，用这种近乎"占卜"的方式判断季节的更迭似乎有些荒唐。但事实证明，2016年加拿大的土拨鼠节和中国的立春仅仅相差一天。如此说，东、西方人对于2016年的春天到底是在哪一天到来的问题上，好像并不存在太大的争议。

那么，在2017年的加拿大土拨鼠节上，土拨鼠到底看到自己尾巴的影子了吗？为此，我专门通过朋友圈询问了旅居在加拿大的朋友。朋友说，那一天温哥华的天气是阴转晴，亦不知土拨鼠它老人家，到底习惯早上遛弯，还是下午出门……

立春过后，风就没有大寒时节那般刺骨了。但是，在北京，大地依旧没有要化冻的意思。

此时，大约只有最资深的园艺玩家才敢刨开冻土种植种球。玩家说，仅在距地面1~2厘米的地方就可以刨到冰碴了，坚硬的土地给她的春播带来了很多意想不到的麻烦。至今，我依旧对她的这种"玩法"表示质疑。因为，我实在不能理解在不能浇水（浇水即冻）的情况下，这些种球是如何存活下来的。我每年都会选在仲秋时节，土地尚且松软的时候将球根入土，然后浇大量的水帮助它们生根发芽。但玩家坚持说这是一次完美的春播，她在情人节前种下的这些种球，必将在5月绽放出迷人的花朵。

耐心等待这位玩伴种完了60筐种球，我们开始收拾行囊，一起远赴温暖的南半球赏花、避寒、旅行。

2月的新西兰已是夏末，雪山顶上的雪早已融化，而山下那些闻名遐迩的鲁冰花亦早已难觅踪影。坦率地说，新西兰的风光并没有世人传说的那么旖旎。然而，于我而言，这一切都不重要。重要的是在这里，我和玩伴都再一次感受到了重返自然的旷达、适度和亲切。

林语堂说："大自然本身始终是一间疗养院。它如果不能治愈别的疾病，至少能够治愈人类狂妄自大的病。在大自然的背景里，人类往往可以意识到他自己的地位。"我对此言深表认同，因为唯有走入了山林之中的我们才能够最为精准地获知人与自然之间的"分寸"与"尺度"，才能明白什么叫作天高地厚，进而学会对自然的尊重与敬畏。

一旦来到了这个天高地阔的地方，长期生活在摩天大楼里的人类就顿时失去了以"万物之灵"自居的自豪感。城市里再绚烂的灯光怎能和特卡波湖畔牧羊人教堂上方的星空相比璀璨？城市里每年都会被"剃头"或者剪枝的行道树，怎能和陶波湖畔奥拉凯克拉克森林里冒着热气的参天巨木相提并论？唯有踏上了这片所谓的"荒蛮"之地，再一次享受了新鲜空气的美好之后，我们才会为以往对于环境的肆意妄为感到羞耻，才会为自身所崇尚的玩世主义和享乐主义给自然造成的巨大伤害感到遗憾。

　　2月，在新西兰的山林里，我遇到了一位比我更早懂得这些道理的人，他叫托马斯，来自瑞士。23年前，他只身来到皇后镇，在附近的山坡购买了5英亩（1英亩约等于4046平方米）的土地，从此开始了默默无闻的园居生活。假如不是因为一次漫长旅途中必不可少的"茶歇"，我们一定会和这位不起眼的花园隐士擦肩而过。然而，很可能是被一种"惺惺惜惺惺，园艺爱园艺"似的神秘力量所吸引，看见了写着茶园（Tea Garden）的招牌，我们就不自觉地停下了车。

　　走进大门，便遇见了正在卸化肥的托马斯先生，此刻我仍未意识到，这个貌不惊人的"装卸工"，竟然是一位深藏不露的园艺大师。是故，我和这位大师当日的谈话内容仅限于他家的厕所到底在哪儿的一问一答。因为经验告诉我，能喝茶的地方，就一定有厕所。但经验并没有告诉我，厕所的后面还可能隐藏着一个奇妙的隐士花园。

　　不看不知道，一看吓一跳！园中植被不仅有主人引以为荣的3000株玫瑰，更有其他上千种花卉、树木。托马斯夫人称，连她丈夫本人也不知道园中到底种植了多少种植物。

　　虽然已近夏末，我们依旧能在园中观赏到木槿、百合、黄花报春、千屈菜，以及大片已经开败或者还在盛放的勋章菊、松果菊等。面对着满坡的夏花，我那位同行的资深园艺玩家不禁感叹，要是早来几个月就好了，真想看看这里春天的模样。

　　她看花，我赏园。花精彩，园更精彩。从园区的规划来看，园主将这5英亩土地合理分配为入口区、休闲区、小池塘（水系）、百合园、玫瑰园、禽舍、居住区和坡

地背景区8大部分。

入口区的最大特色是镂空。用作隔离墙的网状编织物和摇曳着的碎木门帘，不仅从功能上起到遮挡与限制的作用，更通过框景的方式，对观者的目光进行了有效地吸引。

休闲区的最大特点是雕塑。这些有趣的花园润饰给原本无情的草木世界带来了情绪的升华。嬉戏在房前的母女（雕像）传递给观者的是温暖和关怀，而水畔练习瑜伽的少妇（雕像）则让人感受到吐故纳新式的满足和畅快。池塘边小石板上的组图明示了花园主人不受束缚，甚至放荡不羁的生活态度。而鸡舍门前的标语，则表现了万物皆灵的平等观。

休闲区内还设有秋千、长桌和烧烤架，是主人招待客人的地方。我们在这里见到了托马斯夫人克里斯丁，并趁茶歇的时候和她进行了简短的交谈。看到园中大量的雕塑，我问："您丈夫是学艺术的吧，这些雕塑可真美！"女主人的回答让我大感意外："托马斯从未学过艺术，他原本是个雨林学家，因为爱上了新西兰的植物所以移居到此。"听到这儿，我笑了，插嘴说："难怪这花园如此美，原来种花是他的强项。"女主人笑了笑接着说："托马斯造的不是一个简单的花园，而是他心目中的天堂，所以他将这里命名为'小天堂'。在过去的23年中，他一边学习一边创作，园中的每一条花径、每一扇木门、每一个雕像都由他独自设计施工完成。"

"托马斯的执着令人敬佩，可你们靠什么生活呢？"我问。

女主人答："花园里有3间客房，房费足够应付日常的开销。"

"5英亩，3间房？为什么不多盖点呢？"我追问。

女主人笑答："要是所有地方都盖上房，我们在哪儿建'天堂'呢？"

听到这儿，我就再也没说话，这对瑞士夫妇的想法果然和中国人不一样。然而，女主人却意犹未尽，接着说："这座花园正在出售，你们要喜欢我们可以230万新元卖给你们。一年10万，23年230万不贵吧！"我听完大惊，不禁再问："好好的花园，为什么要卖？"女主人答："托马斯感觉自己老了，想告老还乡。"

　　抬头望着满坡的夏花，我不禁替托马斯感到黯然神伤，自己在心里叨咕："'天堂'对于一个瑞士人来说，原来就是一个想来就来、想走就走的地方。"女主人仿佛听懂了我的心里话，喃喃自语道："只要心无旁念，哪儿都是我们的'天堂'。"

　　喝完茶，我继续在托马斯的"小天堂"里徜徉。园中的茅屋草舍，让我想到了中国园林史上著名的"随园"（位于南京五台山余脉小仓山一带，原为曹雪芹祖上林园，是著名的江南私家园林）。"小天堂"的造园之法与"随园"伐恶草、剪虬枝、因树为屋、顺柏成亭的造法有着异曲同工之妙。只不过，中国人是通过禅与道来追求超凡脱俗，而瑞士人比我们想得简单，他们认为只要赤身裸体，就达到了天人合一的境界。

　　"随园"的主人叫袁枚，他25岁中进士，35岁辞官，在南京造园。晚年的时候，其子问，在他故后，"随园"该如何处置。袁枚答："得三十年，今愿已足。"在此，袁枚的想法和托马斯又一次不谋而合了。

　　那么袁枚和托马斯是如何有了这般豁达之心的呢？我以为，他们都将自己的园子看作了有生命的宠物。他们都认为养园就是养生命，园艺生活存在的意义就在于，让自己和园子一起经历一次如自然般兴衰起落的生命过程。

　　想到此，我就开始惦念自己的那个"废园"了。在即将到来的阳春三月，它又会迸发出怎样的"生命"特征呢？我是不是该尽早赶回家，给我的"宠物"洗洗澡（浇浇水），剃剃毛（剪剪草），然后和它一同沐浴在早春的阳光下享受自然赋予的美好呢？

　　既然，中国人有自己的"随园"，那么，我们就不必过分赞美瑞士人的"小天堂"了吧。一切诚如女主人所说，只要心无旁念，哪儿都是我们的"天堂"。

03

园 居 的 一 年

* MARCH

3月，草色遥看近却无。

　　在北京，人们通常把"惊蛰"作为一年中花园生活的起点。虽然，我们此时远未见到蔓玫小姐在《节气手帖：蔓玫的花花朵朵》一书中描述惊蛰时所说的"十万樱华入梦眠"的春日盛景，但北方的地也总算暖了，在早晨湿润的空气中，已隐约可以闻到青草的味道。

● ● ● ● ● ● ●

· · · · · ·

　　既然已经觉察到了春天的到来，闲了一个冬天的园艺爱好者也该扛起钉耙下地干活了。当然，我下地的时候绝不会忘记叫上兔毛，因为我唯恐她从小就失去了对于"土地"的兴趣，以及可以将自己耍成"泥猴儿"的野趣。

　　兔毛当然也愿意跟着我到园子里玩耍。从整理工具的时候起，她就不停地问："爸，您的钉耙有几个齿？"我数数答："14个。"她又问："那猪八戒的呢？"我再答："他的钉耙叫'九齿玉垂牙'，所以有9个齿。""世界上有一个齿的钉耙吗？"她追问。我想了想答："有，那玩意儿叫'锄头'，黛玉葬花的锄头。"

　　兔毛所说的钉耙是我在早春时最先用到的工具，我会用它来清理去年秋天落在花坛里的腐叶。兔毛问："为什么不早点儿把花坛弄干净？"我说："腐叶像被子，冬天的时候它们给睡在冻土里的小苗提供温暖和保护。"兔毛帮我把耙出的腐叶聚集在一起，她一边扫一边自言自语道："现在天热了，小苗们开始发芽，集体'踹'被子啦。"我在一旁听得忍俊不禁，抬头看着兔毛，心想："这世上果然只有'偷懒'的大人，却从来不缺'勤劳'的孩子。"然而，勤劳的孩子是没长性的，在帮我打扫了一会儿庭院之后，她就坐在秋千上，按照科学课老师教的方法，用刚刚剪下的藤枝自顾自地捆扎起孔明灯来。而我，也没真指望她能成为我的小帮手，只是希望她在这样的"劳作"中略识园艺的乐趣。

那么园艺到底是什么？园艺的乐趣又在何处？

在我看来，园艺其实就是造园的艺术。对此，沈复在他的《浮生六记》中早已给出了最好的答案："若夫园亭楼阁，套室回廊，叠石成山，栽花取势，又在大中见小，小中见大，虚中有实，实中有虚，或藏或露，或浅或深。不仅在'周回曲折'四字，又不在地广石多徒烦工费。或掘地堆土成山，间以块石，杂以花草，篱用梅编，墙以藤引，则无山而成山矣。大中见小者，散漫处植易长之竹，编易茂之梅以屏之。小中见大者，窄院之墙宜凹凸其形，饰以绿色，引以藤蔓。嵌大石，凿字作碑记形；推窗如临石壁，便觉峻峭无穷。虚中有实者，或山穷水尽处，一折而豁然开朗；或轩阁设厨处，一开而可通别院。实中有虚者，开门于不通之院，映以竹石，如有实无也；设矮栏于墙头，如上有月台而实虚也。"

　　园艺既然就是造园的艺术，我们便应该在造园的实践中体会、玩赏和感悟自然中这些大与小、虚与实的变化，用充满智慧的方法去创造内心"天人合一"的完美境界。然而，近20年来，房地产业的崛起，迅速改变了人们的"空间"概念。老一代人心目中的美好家园（有庭有院）已经消失。"家园"里的"园"没有了，大多数人仅剩下用来遮风避雨的"家"。

　　所幸，我们家至今依旧是有家亦有园的。当然，我们也不得不为此花费更多的心思和体力去规划和建造。这个规划和建造的过程就是园艺带来的乐趣，即通过持续不断的劳作，最终获得一个独一无二、符合自己审美的生活空间。

• • • • • •

　为了家园的美好，我们必须从早春就开始努力。赶在树木尚未长出新叶之前，整理完卧于茶室窗前的金银花、蔷薇等藤蔓植物，以及立于院墙边的月季和黄杨树篱。（仲春之后，藤蔓会和树枝、树叶缠在一起，那时就无从下手了。）

　金银花是花园里最早发芽的植物之一。早春时节，它的藤蔓最柔软，也最容易造型。此时，用细线将它牵引于茶室外的墙上和铁栏杆上，待到清明品茗的时候，就可以在窗边欣赏到由它泛起的生机和绿意了。

　黄杨虽是四季常青的绿植，但经历了一冬的干旱，顶部的枝叶早已干枯褪色，此时，要狠下心来将它们"砍头"，甚至"腰斩"（遇大旱的年份），然后，浇水四五次。待月余，新叶长出，满园的绿篱即可恢复以往的生机。

　剪过黄杨，还要立刻对园中的月季树墙做必要的"瘦身"整形。所谓"树墙"，是因为历经多年的栽培，这些月季的根茎已木质化，株高也有2米多，在发新枝之前，如果不架上梯子及时给它们"掐尖儿"（去除顶端优势），到了盛花期的时候就很难欣赏到鲜花满墙的场景了。

　　早春的活儿其实很多，是给花园做"整形手术"的最佳时机。倘若心情好，想效仿古人弄个意取"春生即有花"的茅亭，或者名曰"落花流水间"的水景，那么惊蛰之日，便是破土动工的最佳时机。因为，在春分之前，土地虽然已经解冻，但万物尚未真正复苏，假如早施工，早完成，并不会对园中生态产生太大的影响。当然，此时的施工价格一定也是一年中最高的，因为，人和花草一样，都在此时春心萌动，又有谁不愿意赶着春光大好，给自家的园子添上个可心的看点呢？

　　及至春分，去年腐叶的清理工作必须完成。因为此时，园中的景天、郁金香等都已发芽，牡丹、绣线菊等也长出了嫩叶，钉耙已经不能再用，否则会伤及新发的幼芽。翻过土，浇过水，园子里就暂时无事可忙了（春种要等清明了。古语说得好：清明前后，种瓜点豆）。趁这个不长不短的"小农闲"，我回到书房继续整理在新西兰拍摄的几千张花园照片。

　　告别了"荒蛮"的南岛，我们回到了"文明"的北岛。如果说风景是南岛独好，那么北岛的花园则更加瑰丽、经典。

位于奥克兰之南约100千米处的汉密尔顿花园在2014年曾荣获"世界最佳花园"称号。该花园是迄今为止我见过的大型花园群组之一，堪称是一个永久性的世界花园博览会。

汉密尔顿花园占地58公顷，由天堂植物花园、多产花园、景观花园、品种栽培花园和畅想花园5大主题园区和各个主题园区内的数十个主题花园组成。

　　园中的点睛部分是天堂植物花园。它由英国花卉园、中国逸畅园、日
本静思园、意大利复兴园、印度四分园和美国现代园组成。

　　英国花卉园，由数间用墙和树篱隔出的室外空间（"园中园"）组成。
其间的凉亭、凉椅、喷泉和水池皆带有19世纪维多利亚式花园的色彩，刻
意模仿的是1880 —1910年，大英帝国鼎盛时期的造园风格。

中国逸畅园，由一个湖景园和一个山景园两部分组成。其风格是在宋代园林的基础上兼容了明、清园林特点的混搭风格。游人在此尽享了沈复笔下"山穷水尽处，一折而豁然开朗"的中式园林所追求的意境美。

日本静思园，是一个禅院式的花园。园中有一临水阁，阁前筑有日式池塘，阁后是一个枯山水庭院。 枯山水中的沙地和沙地上精心摆放的石头分别代表着人们内心中激荡的海洋和静止的山川，间或点种的小树代表着博大的森林，而蜿蜒其间的石径则象征着蹉跎且艰难的人生之路。

意大利复兴园，模仿的是欧洲中世纪花园。园中依托一座文艺复兴时代的建筑为背景，按中轴线对称的方式布置水池和剪树植坛。喷泉是花园里最活跃的景观，流水的灵动和树阵的寂静带给观者的是由文艺复兴带来的活跃思想和喜悦。

　　印度四分园，是一个典型的伊斯兰花园。园中的建筑处于花园的尽头，十字形的水渠将建筑前的方形花园分为四块花圃。花圃中的花草皆不加修饰，刻意保持其自然的形态。我对伊斯兰花园不甚了解，所以这座印度四分园在我眼中独具韵味。

　　美国现代园，体现了20世纪人类的审美。设计更加强调房屋与自然的关系，以及花园的功能。分布在花园中的泳池、烧烤区和户外就餐区让人们的花园生活更加随性、便利。当然，它也是现代人类享乐主义思潮在园艺生活中的具体体现。

　　假如说天堂植物花园为观者讲述的是传统园林设计，那么，多产花园则讲述了人与植物之间的关系。多产花园由毛利人花园、厨房花园、草本花园和可持续发展花园组成。

　　毛利人花园，又称蒂帕拉帕拉花园，是一座传统的种植园，里面种植了被毛利人用作资源或具有重要文化意义的各种植物。花园中这座被称为"瓦哈罗阿"的大门足以成为视觉焦点，而那些被称为"台帕"的木栅栏，则对整个花园起到了很好的装饰和保护作用。

　　厨房花园，就是我们常说的蔬菜园。这个蔬菜园也是我所见过的最好的蔬菜园之一。无论是植物的配植、色彩的搭配，还是花坛的修砌，都具有世界一流的水准。

　　草本花园，就是我们常说的草药，它和蔬菜园一样是典型的"作物园"，其设计风格近似规整的法式庭院。在笔直的路旁，由树篱分隔而成的作物区里栽种着色泽、气味和功用迥异的各种药材。

兔毛最喜欢的是园区里的畅想花园。它由都铎花园、东方花园、水之园和热带花园组成。

都铎花园，是一座模仿英国都铎王朝时期流行的精致花园而设计的。园中布满了那个时代流行的怪兽雕塑和造型可爱的规则式花坛。在兔毛眼中它更像一座童话花园，蛰伏在华表之上的独角兽和长生鸟随时都可能跳下来，在花园里上演一场《魔戒》式的中土大战。

东方花园，同样也是一座幻想式的花园（18世纪以前西方人幻想中东方的样子）。花园里有一个雕梁画栋的东方式舞台，让我不由得联想起坐落在好莱坞大道上的那座著名的"中国剧院"。

水之园，也是一座造型奇特的花园。花园中矗立着造型怪异的塑像，我猜想它们一定暗喻着某些我所未知的深刻含义。

热带花园，顾名思义是以热带植物为主的花园。它的看点在于那座蔚蓝色的空中之桥，行走其上有一种若自由之鸟略过树梢的感觉。

汉密尔顿花园之大令人难以想象，其设计、建造、经营和维护的成本也一定是个天文数字。然而，它却是常年免费向公众开放的（花园由政府管理）。由此可见，新西兰政府在花园文化的推广和园艺知识的普及方面是多么的用心良苦和不遗余力。

新西兰，地不算大，人不算多，然而，这里的国民是幸福的，因为他们拥有一个有情怀的政府，这个政府正致力于将他们的国家建成一个若汉密尔顿般的大花园。离开的时候，我由衷地为这个全心全意为人民服务的政府点了个赞。

04/

园 居 的 一 年

* APRIL

4月，听风、看雨。雨是花瓣雨，风是花信风。

听到后院竹林的婆娑声，兔毛就在凳子上坐不住了。风起的时候，她会缠着我"忙趁东风放纸鸢"。而此时的我也和孩子一样，盼望着走到大自然中，去尽情享受这小小的纸鸢略过满树杏花、樱花和海棠花时轻舞飞扬的感觉。

古人所谓的纸鸢，其实就是现代人所说的风筝（因为后面拖着两条长长的飘带，所以在我小的时候，孩子们也管它叫"屁帘儿"）。儿时，家父对我管教甚严，他认为放风筝是野孩子干的事儿。是故，我儿时从没像其他孩子一样尽情享受过放"屁帘儿"的乐趣。每年清明，面对"江北江南低鹞齐"的盛景，我都会黯然神伤地回忆起那些被"书香门第"四个字压抑得几乎喘不过气来的童年岁月。

少小的"不幸"，导致生活中原本应有的很多野趣都过早地与童年的我擦肩而过了。及至中年，轮到兔毛缠着我放风筝的时候，我才不得不厚着脸皮，跑到公园的空地上找那些比我小很多的"小哥"，像孩子一样请教他们如何盘线，如何识风，如何避免"风筝吹落屋檐西"的惨剧。

• • • • • •

　　一旦风筝上了天，我心中久被压抑的童年
野趣也随着手中的线牵扯着缓慢地释放了出来。
在盛开着德国鸢尾和香豌豆的4月，我和兔毛扯
着风筝飞快地奔跑，试图让风筝飞得更高、更远，
让它替我们去看远方那些目不能及的、开满了蒲
公英和兔耳草的山谷和乡野。

　　当风筝在半空中平稳随风飘动的时候，兔毛
的脚步也随之放缓，而我在得到了片刻喘息之后，
立刻就触景生情想起了陶行知那首描写春天的儿
歌——《春天不是读书天》（这首儿歌曾被童年
的我在心中默唱过很多次）。

春天不是读书天：鸟语树尖，花笑西园。

春天不是读书天：宁梦蝴蝶，与花同眠。

春天不是读书天：放个纸鸢，飞上半天。

春天不是读书天：舞雪风前，恍若神仙。

春天不是读书天：放牛塘边，赤脚种田。

春天不是读书天：工罢游园，苦中有甜。

春天不是读书天：之乎者焉，太讨人嫌。

春天不是读书天：书里流连，非呆即癫。

• • • • • •

　　这样的歌词大抵是不受家父般老派知识分子欢迎的。所以，在过去的几十年间，众人虽尊陶氏为倡导生活教育的教育家，但是，每每提到这首歌，却全都谈虎色变。然而，曾经饱受旧教育体制"摧残"的我，不仅爱唱这首歌，更是陶氏生活教育的践行者。我认为：求学的目的在于让孩子"因真理得自由"，而非让他们"因读书得前程"。自由比前程更重要！

　　是故，在春光大好的周末，我都会以春天不是读书天为借口，劝兔毛暂时放下手中沉重的课业和我一起去参加各式各样的 Open Garden 活动。在繁花似锦的花园中，孩子们学到的不仅是对植物之美的鉴赏，更有待人接物的技巧，以及社交的礼仪和准则。

　　Open Garden，译作：花园开放日。它源于欧美，近几年盛行于国内。原意是花园主人在盛花期开放自己的花园，供来访者参观。其后延伸为花园主人和友人一同赏花、交流、品美食和小酌的小型私人聚会或大型露天宴会。

　　应主人之邀，今年的首个花园开放日被安排在2012年度全国花园大赛金牌得主的庭院中进行。该花园占地约1000平方米，由入口花园和下沉花园两部分组成，是一个颇具现代风格和设计感的美式庭院。

　　主人在花园入口处有规律地种植了黄水仙、郁金香、绣线菊和矮鸢尾等春季花卉，又在绣线菊丛中点缀了制作考究的铁线莲花架。不知为什么，这些复古的花架总让我有一种置身于《乱世佳人》中那个美国南方种植园的感觉，而站在花架下迎接我们的男主人，则更像电影里人见人爱的"爱瑞德"一般，有着仿佛一辈子生活在野外，永远强壮而充满活力的好身材。

　　主人的身后是一个巨大的下沉式花园，其大部分面积被草坪覆盖，草坪的边缘配植有郁李、绣球'安娜贝尔'，以及重瓣的关山樱和北美海棠等。和强调色彩灵动的入口花园相比，下沉式花园的设计更加注重房屋与

自然的关系。散落其间的泳池、烧烤区、户外就餐区和儿童游乐区也的确让人享受到了现代花园生活给我们带来的自如、惬意与方便。

　　4月，这个金牌花园中最大的亮点莫过于这棵巨大的丁香树了，其花期虽只有短短的10天，却足以上演一场风华无比的春日大戏。

　　此时，众人就在这丁香树下坐定，先是感叹了一番重逢的愉快（到访者大多是4年前那场花园大赛的参赛者和评委），继而举起酒杯，共贺主人家不久前的添丁之喜。也正因为添丁这件事，才让我们的话题再一次从花园转向了孩子的教育和陶氏的儿歌。

● ● ● ● ● ●

谁曾想，酷爱户外运动的男主人（"铁人三项"爱好者）竟然受不了歌词中那句"鸟语树尖，花笑西园"的诱惑，吵闹着要为孩子们办一次"宁梦蝴蝶，与花同眠"的野营会。这般提议毫无疑问会得到孩子们的欢呼，而在场的家长们则忙不迭地对孩子们的欢呼给予最热烈的呼应。

如是，2016年的"海棠之恋"春季读诗、摄影、赏花大会（北京花友最重要的"春聚"活动之一，每年4月末在胖龙公司的海棠林里举行），就被大家以为了孩子的名义，莫名其妙地换成了海棠树下"与花同眠"的主题。

为了这次心血来潮的野营，大家整整忙活了两周。胖龙公司的员工在营地里密切关注着海棠的花期和天气的变化，以期在露营当日，大家可以准确地遇见一场，传说中可遇而不可求的花瓣雨。而从未有过露宿经验的人们则开始紧张地讨论：是否要在林间野炊？到底该买怎样的睡袋？可否在网上订购移动厕所？在去厕所的路上要不要安置些照明设施等一系列令人啼笑皆非的问题。

及至露营之日，海棠花开正好。众人将房车和帐篷，依次运进了被称作"谧界"的林地，寂静的丛林中马上就有了属于人类的欢声笑语。

　　大人们迫不及待地埋锅造饭，孩子们则争先恐后地当起了散花仙女。这个原本只属于海棠花的"谧界"，恍惚间，就换作了武陵人寻而不得的"世外桃源"。而这个由一席薄毯和几帆帐篷承载起的"世外桃源"，也的确未让我们这些寻梦而来的过客们失望。在"与花同眠"的静谧之夜，每个人都听到了花瓣雨婆娑下落敲打篷帘时的天籁之音。

　　此曲只应天上有，人间能得几回闻！是夜，兔毛睡得甘甜，而我却反复地披衣起身，不断在帐外顾盼流连。

· · · · · ·

　　我其实早已过了多愁善感、见花落泪的年纪。然而，在这般夜凉如水、落月流白的夜晚，我却不知道为什么总想起丰子恺关于花与酒、聚与散的那篇略带伤感的漫画与小文。

　　此夜，可能是良朋对酌，说尽傻话痴语。

　　此夜，可能是海棠结社，行过了酒令填了新词。

　　此夜，可能是结队浪游，让哄笑惊起宿鸟碎了花影。

　　此夜，可能是狂歌乱舞，换来一身倦意，却是喜悦盈盈。

　　但，谁会就在当下记取了这聚的欢愉，作日后散的印证？

　　蓦然回首，人散了，才从惘然中逼出一股强烈的追忆，捕捉住几度留痕。

　　聚、散，散、聚，真折煞人了。

　　海棠结社，醉卧花间的日子固然美好。但今夕，人散后，我还是得带着兔毛"卷铺盖"回家。那么，我们到底该回哪个家呢？城里的家？还是郊外的家？为了在盛春的时候寻找和拍摄散落在北京各大名苑里的花灌木，我和兔毛已有两周没回过郊外的家了。因为惦记着自家的园子，我决定在野营结束后无论如何也要抽空回郊外看看。

　　推开"废园"的大门，我吃惊地发现：原来，我想要寻找的世界上最美的花灌木就盛开在自家的院子里，它一直默默地站在那儿等着我和兔毛回家。如是，我赶紧打开喷头给它浇水，然后站在树下抚着兔毛的头对她说："兔毛，请你记住，世间最美好的东西不一定只有诗和远方，也很可能是你推开窗就能看到的一棵树，或者是在树下默默为你摘草莓的亲爹、亲娘。"

　　说完，我摘了一颗草莓放到兔毛嘴里，野草莓那种说不出的清香让她暂时忘却了天上的风筝和对于自由及远方的向往。

　　以上，就是我和其他一些园居者共同经历的2016年的4月。

　　一个，忙趁东风放纸鸢的，

　　一个，海棠结社，让哄笑惊起宿鸟碎了花影的，

　　一个，一树一树的花开，让笑声点亮了四面风的，

　　人间四月天。

05

园 居 的 一 年

*

MAY

5月，是妖媚的。这种妖媚和园艺，以及开遍天涯的五月花有关。当然，在"流年"（比如2016年），5月也可能是迷乱的。这种迷乱或许与我偶然摔伤的脚踝有关……

● ● ● ● ● ●

相传，5月（May）的来历与古罗马掌管春天和生命的女神玛雅（Maia）有关。

信奉玛雅的古凯尔特人会把每年的5月1日看作夏季的开始，他们在这一天开始种植庄稼，并跳起五朔节花柱舞（人们在家门前插上一根青树枝或栽一棵幼树，并用花冠、花束装饰起来。少女们手持树枝花环，挨家挨户唱赞歌，祝福主人）以抒发新生与重生给人类带来的满足与快慰。

在如今的英国，古老的五朔节已不再盛行，但每年，来自切尔西花展的各式创新花卉和主题花园依旧让园艺爱好者们对这个特别的月份有着特别的期待。每年的这几天，我的手机就几乎天天要被花展的图片刷屏。至少有四五支分别从北京、上海和杭州出发的专业或非专业的花艺及园艺访问团从不同的视角对这个盛会进行着"现场直播式"的持续报道。

切尔西花展堪称园艺界的第一盛事。因为每年，来自世界各地的700余位园艺家会在此展示他们的最新作品。

百年前，切尔西主要以培育玫瑰新品种而闻名，如今，随着花展的国际化，创新品种和花卉种类不断增加。花展也由室内花卉延伸到了户外花园。除了花卉和花园的展示，花展还有花卉装饰部分，这些世界顶尖的花卉装饰家像魔术师大揭秘一样，让爱好者耳目一新、如痴如醉。或许这就是切尔西带给观者的收获：用足以信手拈来的沃野之花，点缀精致典雅的日常生活。

当人们在切尔西为园艺欢庆的时候，属于夏日的花朵们业已在我家的园子里渐次盛放开来。最先撩开初夏"门帘儿"的是藤本月季'安吉拉'。此花一开，朋友和蜜蜂就会同时被吸引而来（4月，是拜访别人家花园的月份。5月，是开放自己家花园的日子。这叫来而不往非礼也）。自此，我们家夏日的户外花园生活就算正式开始了。

北方的初夏，天气尚算爽朗，园子里也不会有蚊蝇，所以，此时最易在花间常坐，观天上的候鸟向北而归，看草丛里的小猫迫不及待地求爱、交配、孕育、生子。这种生育季特有的繁荣气息常让我感到兴奋，而随后到来的樱桃与桑葚的成熟季，则让我在这一年里第一次尽享了收获的甜蜜。

待到独干的'红王子'锦带开花，小满就来了。既然书上说"物至于此小得盈满"，那我就不得不带着兔毛赶快为园子里的两棵杏树疏果了（再不疏，杏就熟了）。摘回来的青杏是绝对不会被浪费的，它们是我家"独门自酿"的绝好食材。

　　青杏酒的制作方法颇为简单：第一步，对采回的青杏进行筛选、清洗、控干。第二步，将冰糖和青杏放入消过毒的酒坛中。摆放顺序是一层冰糖、一层青杏，消毒用白酒即可。第三步，注入烧酒或二锅头（我自己则喜欢用朗姆酒或伏特加）。第四步，将注满酒的酒坛密封，放到阴凉处储存即可。

　　小满时封存的酒，大约要在3个月后才能启封。那时，刚好是"品蟹黄肥，说菊花香"的中秋时节。试想，花好月圆时面对着满桌的团圆菜，娘给爹斟上一杯自家酿的美酒，爹一饮而尽时，心中那般滋味，又怎足以用言语表达？

　　因为，切尔西和五月花。也因为，那些花前月下，通宵达旦的聚会。今年的5月好像过得出奇的快。然而，当钟摆摆动得过快的时候，时间也仿佛有意识地慢了下来。

　　5月下旬的某个周末，我因为崴脚而一瘸一拐地进了医院。就诊结果和范伟在小品《卖拐》中的遭遇如出一辙（我是走着进去坐着轮椅出来的）。跟我相熟的骨科医生告诉我："你的右脚踝骨轻微骨折，不用手术已属万幸。回家静养吧，100天后，保证你还和过去一样奔走如飞。"听完医生的一席话，站在我身后的兔毛娘乐了。她笑着说："得，这回你可以跟我刚酿的那坛青杏酒结伴了，回家了都给我哪儿凉快哪儿歇着吧，你俩中秋节一块启封。"

　　被生活打入"冷宫"的感觉着实痛苦。坐在轮椅中的我，犹如困兽。刚开始几天，我总是千方百计地想找点事干，借以体现自己的价值（或者说：刷一下存在感）。既然不能下地，我便拿出电脑，以新西兰汉密尔顿花园群组中的"厨房花园"为模板，认真思考应该如何提升自家"夏日蔬菜园"的实用性和观赏性。

· · · · · ·

　　可食用花园、厨房花园是现代园艺的重要组成部分。国外的园艺爱好者会把菜园布置成花园的模样。他们讲究蔬菜色彩的搭配、叶片质感的协调，并把那些开着漂亮花朵又能食用的花草，想办法都引种到了自己的可食用花园中。

　　中国的老人也喜欢种菜，但其种植经验大多来自于二十世纪六七十年代。一旦获得土地，他们会本能地选择种菜。所以，我认为帮助中国花友们设计一款适合中国国情的可食用花园，才是中国园艺需要解决的当务之急。

　　根据我的观察：国外可食用花园与中国菜园最大的不同在于，他们用木框抬高了种植区内苗床的高度，这样既有助于劳动者轻松地间苗、除草，也有利于土壤的施肥与浇灌。其次，他们可观赏蔬菜的种类和颜色也比我们更丰富。除了茄子、黄瓜、西红柿等"老三样"，我们还可以试种一些兰州百合、朝鲜蓟、大花葱、百里香、薄荷和迷迭香等能开出鲜艳花朵又有芳香气息的香草和蔬菜。

国外菜园中的防兽、防鸟网也是颇为实用的，它们为刚扦插的植物和即将成熟的果实提供了实实在在的有机保护和生态管理。

在家休养10天，我逐渐习惯了这种缓慢，甚至惬意的赋闲生活。午后，我会像打马球一样坐在轮椅上抡着扫帚打扫庭院。扫累了，就坐在锦带树下上上网，聊聊天。偶尔，我也会看看自己写的专栏，然后，一边喝下午茶，一边敲打键盘，逐一回复大家的留言。大家听说我受了伤，都纷纷表示同情和鼓励。其中一则留言，让我每每想起，都哭笑不得。

这则留言写道："我是一名发型师，希望有机会帮你改变。"

我想了想回复道："谢谢您的好意，但是，很遗憾，您改变不了我了，因为我是个秃瓢。"

停了停我接着回复："我喜欢一个人坐在花园里摘了帽子晒太阳，一个人喝酒，一个人赏自己栽的花，一个人吃自己种的菜，一个人看自己写的书，一个人享受自己和自己在一起的寂寞。寂寞是一种习惯，它和秃瓢一样，都无法在一时间被其他人改变。"为了不伤害他的好心，我最后说："因为不能照顾您的生意，我的内心很难受，甚至比您更难受。"

回复完，我抬起头，无意间看到了5月23日的晚霞。此时，这晚霞刚好照亮了我那略显宽阔的脑门儿。

06

园 居 的 一 年

* JUNE

这种黄色的小花，在古代被称为"忘忧草"或"疗愁草"，花意引申为：忘却一切不愉快的事。端午时节，面对着漫山遍野的忘忧草，我心中最大的感悟是：男人平时一定要对身边的女人好一点儿。否则，一旦遭遇人生之不测风云，身边很可能连个心甘情愿为你推轮椅的人都没有。更何况，偶尔，这个女人还要翻越千山把你的轮椅从熙熙攘攘的中国推到荒无人迹的北海道。

• • • • • •

6月，无疑是到日本旅行的最好时节，无论是选择便捷的"新干线"赶往京都看鸟居、神社，还是搭乘古老的"江之电"取道镰仓邂逅山道旁那些绵延无尽的绣球。这个曾被称作"东瀛"或"扶桑"的地方，总能给来自中国的行者带来些似曾相识的遐想和古趣。

绣球是一种常见的庭院花卉，我家茶室窗下植有3株，每年盛开的时候花团锦簇。及此，联想到生长在长谷寺或明月院门前的2500株根根相连、叶叶相扶的古老绣球。当它们进入盛花期的时候，又会给初夏的镰仓带来怎样一番欣欣向荣的景象呢？

然而，一旦跨过了津轻海峡，置身北海道，那些象征着"幕府文明"的绣球就马上消逝于无了，取而代之的是一大片来势汹汹，顺着山谷流向田野与城市的羽扇豆花海、薰衣草花海、虾夷葱花海和大滨菊花海。

此时的北海道正值"嫩芽初上落叶松"的朗朗春日，和煦的春风也一定和我们一样刚刚"临幸"过这个被当地人称作"旭岳"的如画山峦（旭岳山为北海道第一高峰，即使到了6月，山顶依旧被积雪覆盖）。

与人口稠密的本州相比，北海道就像一个天然大氧吧。旭岳山脚下"风之庭院"里吹过的山风，常让"不知季节已变换"的都市流浪者们不自觉地哼唱起那首满怀思乡之情的《北国之春》。而"银河庭院"里那片一望无际的白桦林，也必将会让早已看惯了水泥丛林的我们有着一份"穿越"或者说是"梦回前朝"式的快乐与惊喜。

因为寒冷（6月了还要穿大衣）与地广人稀（日本第二大岛，人口却不及东京的1/2），北海道至今仍保留着相对原始的植被面貌。和热衷于建造规整式（枯山水）花园的本州人不同，北海道人更偏好依托森林建造属于自己的，随性、宏大、风景园林似的庄园式花园。

　　这些置身于旷野中的花园（有些花园本就是从稻田直接改造而来的，比如著名的"上野农园""富田农场"等），从造园风格上讲，大多属于具有自然风光属性的乡村风格花园。

　　在20世纪，北海道花园的建造风格曾经受到英式花园风格的影响（具有代表性的本地花园设计师上野砂由纪曾留学英国，而最有魅力的"银河庭院"则干脆由英国人主持设计）。21世纪以来，得益于本地人园艺技巧的提高，以及日本人个性中特有的精致与执着，其花园的建造风格也正在发生着显著的变化。相信未来，一大批具有东、西方混搭气质的农园或庭院，一定会若雨后的楼斗菜和老鹳草般争先恐后地出现在"旭岳"脚下那些笼罩在山峦与光影中的森林、大河、田野间。

聊完了浮光掠影中的北海道，我再简单地谈谈带我来日本和陪我在日本旅行的那些人。

我此次参加的是由湖北科学技术出版社"绿手指"组织的北海道园艺研修之旅。那么，为什么要选择和"绿手指"一起来日本呢？原因很简单，因为"绿手指"长期与日本最著名的园艺杂志《Garden & Garden》合作，在国内发行中文版的《花园 Mook》丛书。所以，"绿手指"是目前国内最了解日本园艺现状的文化机构，由他们组织的研修团理所当然应该得到重视。更何况，本团的领队正是《花园 Mook》的主编及主译——药草女士。

坦率地说，我在临行前曾经因为自己的脚伤而打过退堂鼓。但是，为了不错失听药草女士讲解日本花园的珍贵机会，我最终还是决定鼓足勇气，排除万难，荡起双拐，蹦向日本。谁曾想，刚"蹦"到北海道新千岁机场，看见从中国各地集结而来的同行者，我便惊诧得几乎要扔掉双拐瘫坐在机场大厅的地上了。因为，在同行者中我不仅见到了来自江南的园痴——名震扬州的侯爷，来自四川的花痴——只要看花的团她都参加的笨花妹妹，更见到了一群来自全国各地，天不怕、地不怕的花友。

看到他们，我的心中不禁窃喜，因为这些人个个都是育苗、扦插和管理植物的高手，跟着他们旅行一定会有很多意想不到的收获。

比中国花友更具有洞察力的是一个叫作町田诚的日本记者，他用他的镜头和笔头记录下了我们在日本的旅行生活。稍后，他在2016年6月24日《北海道日报》的报道中写道："中国观光团作为北海道花园观光的一环，2016年6月19—21日前来市内的岩见泽玫瑰园与英式庭院小岩山进行了参观访问。以岩见泽为目的地的观光团是少见的，我们期待，美丽的庭院和景色将得到好评，以此增加海外客来访的机会。"当地观光协会的常务理事大川伸二先生说："丰富的自然资源与开放的氛围受到了中国花友的好评，虽然在岩见泽不能满足爆买的欲愿，却可以为大家提供在大自然中修养放松的环境。"另外，关于观光设施里缺乏英文、中文说明的问题，当地观光物产振兴科的户沼志科长表示："目前还是起步阶段，希望将岩见泽的魅力以口传的方式传递给更多的海外客人。"

　　这篇报道至少说明了两点：其一，说明"绿手指"深度游的深度的确够深，我们已经深入到了一个既没有中国人也没有西方人的日本郊外。其二，说明我们此行的确受到了岩见泽市政府的重视。当地观光局人员不仅陪同我们参观了美丽的玫瑰园和其他两个市政花园，在到达的当晚还特地宴请我们品尝了北海道著名的成吉思汗烤肉。据说，在北海道以外地区，日本人几乎是不吃羊肉的。用羊肉和蔬菜烤制，加以特殊酱料的成吉思汗烤肉可谓是北海道当地最有特色的菜肴。我其实对羊肉并无太大的兴趣，而餐后这道用可食花卉（角堇）做出的甜点则让我吃出了流连忘返的感觉。

　　主人的殷勤招待一定会让客人受宠若惊，客人无以为报怎么办？于是，在酒足饭饱之后，花友们纷纷起身，再一次亮出了独特的交友绝技——爆买。这一次轮到主人受宠若惊了，于是，演绎出了其后发生在岩见泽高速公路休息站，再其后发生在札幌新千岁机场候机大厅里的一次又一次"长亭更短亭"式的送别（让团里的许多女花友一想起来就激动得要落泪）。

世人皆醉的时候，唯我独醒（骨折，禁酒）。坐在轮椅上的我实在想不明白："不是说好的看花之旅吗？怎么演绎出那么多关乎情感的大戏来？"然而，这又有什么关系呢？一切皆如团员中一位花友所言："我们鼓励所有的冲动，有冲动才有愉快。无论这冲动来自我们对于一盆花、一个人，还是一次旅行的向往，唯彼此接近的刹那，方能理解追与求（或是，追又追不着，求又求不到）所能给我们带来的捉迷藏式的愉快。"

我听完这一席话，差点儿激动得立马从轮椅上站立起来。然而，受伤的脚却时刻提醒着我要保持理智。毕竟今夜领略过主人的热情以后，明天还是要自己架着拐，慢慢去翻越远方那些多雨的高山。唯有架上双拐，我才知道所谓的明天与前途到底有多么的泥泞和艰险。唯有坐上轮椅，我才明白这个肯在雨中推我上路的人才是我可以托付今生的至亲与真爱。

是夜无眠，我独自坐在岩见泽木屋酒店的窗前遥望着暮色中那些似有似无的风景。偶尔，我还能听到远处荷塘里蛙鸣的悠扬。听到这蛙鸣，我乐了，也由此想到每天清晨唱给女儿的那首叫早儿歌：

大明湖，明湖大，大明湖里有荷花。荷花上面有蛤蟆，一戳一蹦跶。

每每唱到此处，我就会用手戳兔毛的腰眼儿，她一痒，就从床上蹦跶起来了。明天，没有我叫早，兔毛能准时"蹦跶"起来去上学吗？想到这儿，坐在轮椅里的我就愈发没有睡意了，而此时，刚好有一大片萤火虫掠过那个有着蛙鸣的荷塘。望着远处的荧光，我再次感叹：今夜，倘不是天光暗淡，我又怎能知道萤火虫的微芒也足以照亮世界。今生，倘不是身陷轮椅，我又怎能理解爱与被爱对于"孤独"的人来说亦都是希望和曙光。

07

园 居 的 一 年

7月，北方大旱，南方大涝。人和花同时在水深火热中承受夏天的煎熬。

虽然煎熬，但还是要想办法愉快地度过。如是，自北海道研修回国后，花友们很快就相约成立了一个"绿手指"读书会。在读书会里，大家一起读书，一起分享园艺心得。

　　读书会的第一本推荐读物是药草翻译的《不败的花园——宿根花卉全书》。大家一边在群里讨论书中内容，一边在书中寻找夏季表现较好的宿根植物。经过线上无数次"摩拳擦掌"后，南、北两方的花友最终颇为勉强地达成了共识，大家认为：蓝雪花、五色梅、玉簪、鼠尾草、福禄考、桔梗、风铃草、绣球、蜀葵、大丽花、百里香、飘香藤、木槿、景天、假龙头、萱草、朝颜、天竺葵、马鞭草、唐菖蒲、石竹，以及各类菊花等是中国夏季花园里表现较好的植物（当然，因为地域不同，其表现也会有很大不同）。

　　聊完了这些正在洪水中被浸泡烂根或在骄阳下被反复灼伤的夏季植物，接下来的话题就轻松了很多，因为，清凉的北海道总会给爱花的人留下些温馨而美好的回忆。

　　我们在北海道停留了7日，先后访问了岩见泽的玫瑰园、小岩山花园，旭川的上野农园，惠庭的银河庭院，富良野的风之庭院、富田农场，以及两个市政花园、一个蓝莓园、一个酒庄和若干个民宅花园。

民宅花园，就是一个个立于路边的民间园艺小品。它们展现的是一个国家的普通公民对园艺文化的领悟和理解。

虽然大多数民宅花园都一带而过，但其中还是有一些给我留下了极深的印象。比如这条细若羊肠的小道，仅为普通地砖铺就，虽简洁实用，却不失应有的情趣。道旁的地被植物选用了精致的百里香，为本已生机勃勃的小院平添了园艺的亮点。岩石的运用，同样让小道充满了设计感，与之相伴的山月桂，则时时刻刻提醒着我们此时正置身在小小的（甚至连轮椅都推不进去的）日本庭园。

　　日本人显然是善于学习的。过去，他们向中国人学习叠山理水，进而创造出了"枯山水"。如今，他们又转而向西方人"求教"，用更贴近自然的造园手法去设计兼有东、西方气质的农园、庭院。

　　富田农场当然是这一尝试的先驱与佼佼者，自20世纪70年代起，它那壮阔如海的薰衣草田就成了夏季北海道最亮丽的一张紫色名片。在以后的数十年间，大量花园式农场不断涌现，让寒冷的北海道意外地成了全日本最具"花园气质"的地区之一。

为了更好地理解北海道的园艺文化，我们特地拜访了居住在岩见泽的园艺家、园艺专栏撰稿人和园艺旅行设计师松藤信彦。

松藤先生生于东京，早年学医，学成后就职于进出口公司。40年前，他开始与英国园艺有所接触，从此成了英式花园生活的爱好者。其后，他买下了位于岩见泽的小岩山，并于20年前定居于此，着手完成自己的园艺作品——小岩山花园。

　　小岩山花园占地约11公顷，位于一片酷似英国科茨沃尔德（Cotswolds，英国乡间著名的花园聚集区）的丘陵地区。

　　花园依山势的蜿蜒而筑，目前大致分为入口区、半山庭院和山顶别墅3大部分。然而，从松藤先生的花园未来规划图看，这个花园至少应该有13个部分，其中一条被命名为科茨沃尔德的山间小道，充分说明了松藤先生对英式园林的疯狂热爱。

　　小岩山花园的入口建筑是一栋从旧火车站整体迁移来的，具有130年历史的和式石屋。在当地，这样的石屋可算是古董了。因为，日本政府于1886年才开始在北海道设厅，所以，130年几乎已是此地历史的全部。这种怀旧式的造园风格体现了日本人对于历史文物的尊重。

连接入口花园与半山庭院的是一条曲径通幽的花径，花径的中央坐落着巨大的凉亭。松藤先生说，该凉亭是在英国订制，运回日本组装的。天气好的时候这里就是家里的户外客厅，宾主会坐在亭中喝茶聊天，偶尔还会在此举办烧烤聚会。凉亭的旁边是庄园里最重要的植物观赏区。小型的花灌木彩叶杞柳、粉色锦带，以及荚蒾绣球、紫叶风箱果、玉簪、虞美人、三色堇等，让人目不暇接、如痴如醉。而点缀其间用英式烟囱改造成的花器与人形润饰，则再一次彰显了花园主人卓尔不凡的艺术品位。

沿着这条充满了园艺情调的小径漫步而上，很快就到达了主人心爱的半山庭院。该庭院由一间巨大的会客厅和餐厅组成，也是主人日常工作、阅读和会客的地方。客厅茶几上摆放的植物书籍让同行的药草欣喜若狂（只有她看得懂日文原著），而餐厅里悬挂的园艺工具则让花园"实干家"们喜出望外。

聊到园艺工具，松藤先生滔滔不绝。

　　他先是向大家介绍了自己研制的嫁接剪，并演示了如何裁剪出严丝合缝的对接口，让枝条在不被绑缚的情况下也可以完成对接。继而，又介绍了既可以在地下画播种线，又可以斩断草根的独门兵器——刀耙。之后，是可以在冻土中挖球根种植坑的地锥。还有带刻度的铲子（可以准确测量种植坑的深度），以及不会破坏草坪的草坪打孔器等一系列新奇、美观又实用的园艺工具。难能可贵的是，这些工具全都由松藤先生研制或监制，以此，尊称他为"园艺家"实可谓是实至名归了吧。

当日本"工具控"遇到中国"品种控"的时候，相处的氛围就轻松了起来。我们被松藤先生的匠人精神所折服，而松藤先生也被我们认真的态度所感动（他说我们是第一拨站着听他讲课的听众）。

因为聊得高兴，松藤先生主动提出再带我们去参观其他几个由他设计的民宅花园和市政公园。在高速公路旁的一个市政公园里，他再一次认真为我们讲解了花园润饰与植物的关系，并反复强调，园艺不是对植物的简单摆放和堆砌，润饰才是花园的灵魂。交往越多，我们就越为他的才华所倾倒，及至分手的时刻，他不仅赢得女花友们的拥抱，更意外收获了我那任性的重庆"幺妹儿"送出的羌绣背包。松藤先生显然对这突如其来的一切毫无准备，满脸都是滑稽和不知所措的尴尬表情。这表情让我忍俊不禁，也让我想起了王洛宾当年对三毛说过的一句话："请千万别说爱我。我只是张伯伦手里提着的那支'中看不中用'的雨伞而已。"

告别了松藤先生之后，我们来到了"日本园艺女神"上野砂由纪女士的领地。在她家的花园中心矗立着一个可爱的"小矮人"城堡，在花园入口的门楣上也隐约可以看到"小矮人"调皮的身影。在常人的想象中，这片13200平方米的花园也的确需要7个"小矮人"来帮忙照顾、打理。然而，站在湖畔的上野女士却小声地告诉我们，这里的工作人员只有她和她的母亲，"小矮人"只负责玩耍和休息。

坐在轮椅上的我一下子就被她的这句话感动了，看着城堡边那片充满了诱惑的东方罂粟，我默默地对自己说："热爱园艺的人果然都有一颗美好的初心。"因为这颗初心，上野女士和远道而来的我们一见如故，在北海道6月的骄阳下，我们围坐在一起聊她一如童话世界般的花园，也聊我们共同热爱的园艺。

　　如果说松藤先生是个"工具控"，那么上野女士就是个"植物控"。聊起北海道的植物，她如数家珍。通过这番恳谈，我们终于明白为什么北海道可以成为全日本最有花园气质的地区之一了。

　　上野说，北海道虽然寒冷，但不干燥。纵使花期短，但紧凑且没有夏季的休眠期。如此看来，北海道的气候和英国科茨沃尔德的气候十分相仿，都是世界上最适合种花的地区之一。

　　北海道的花园季从每年4月开始，10月结束。所以"上野农园"每年的开放时间是4月29日至10月16日。4月，是球根花卉的天堂，满园里盛放着葡萄风信子、洋水仙和郁金香。5月，是樱花盛开的季节，春风终于从本州吹到了日本最北的地方。6月，是宿根植物的初花期，花园会因为薰衣草、飞燕草和羽扇豆的盛开而呈现一片浅蓝色或淡紫色的气相。7~8月，是真正的夏季，大部分花卉都在此时进入了盛花期。9月，已是秋日，山上的枫树和水边的蒲苇会在风中摇曳，为这里的花园季画上一个完美的句号。花期过后的10月，才是最忙的时候，因为所有的花都要贴地修剪，如此，植物们才能经受住冬季齐腰深的雪压。

那么，在大雪封门的冬季她们会做些什么呢？"在冬季，小矮人们都躲到城堡里冬眠了，我和妈妈就趁机到外地旅行。"上野女士俏皮地说。

　　"这么大一个花园你们母女俩怎么照顾得过来呀？"我问。

　　"当然很辛苦。但，我们自有妙法。"上野女士答。

　　在接下来的时间里，上野女士介绍了她家的种植史，并对如何建立一个"懒人花园"给出了一套行之有效的方法。

　　上野家世世代代都在本地种水稻，所以时至今日，她的花园依旧叫"上野农园"。早年，和中国农民一样，她家的水稻也是由政府收购的。后来，改成自由经济，农民的水稻要自求销路了。为了接待收购商，她家建了一个小花园，不曾想，就是这个小花园从此改变了上野家和这个农园以后的发展方向。上野女士因为小花园喜欢上了种花，而一张粘贴在地铁站里的"英国花园设计研修班"的广告则让这位农民的女儿从此踏上了异国求学的旅程。

5年后，上野女士学成归来，着手将家里的水稻田改造成了一个具有英式乡村花园风格的大花园。自此，"上野农园"便摆脱了传统农业的束缚，成了和"富田农场"齐名的北海道观光农业的典范。上野女士从此名声大震，成了当地最出名的花园设计师和园艺家。之后，她又和日本知名的剧作家仓本聪合作，为富士电视台50周年台庆的献礼剧《风之花园》设计拍摄现场花园。由于该剧获得的巨大成功，这座花园也成功地进入了全体日本人的视线，上野女士也因此成了日本知名的花园设计师和园艺家。

　　"风之花园"历时两年建成，占地2000平方米，种有360多个品种的植株，共计2万余株。听完上野女士的介绍，随行专家对"风之花园"的建设速度产生了疑问。为此，上野女士解释道："造园时间的长短，取决于当地的土质。在肥沃的土地上造园大约需要两年的时间，而在贫瘠的土地上造园则需五六年。"

　　是故，在"上野农园"和"风之庭院"的改造中，上野女士不仅更换了30~80厘米深的地表土，还在种植层下预埋了排水管。更换土壤的工作量是巨大的。上野女士举例说，仅在"上野农园"东南角的改造中，一次就动用了500辆卡车来运输腐叶土以改良土壤。土质的改良为植物的生长提供了良好的基础，在改良过的土壤中生长的植物是很少有病害的，除了必要的修枝以外，它们在一年中并不需要过多的管理。

　　土壤改良后的下一步就是合理配植。上野女士以"风之花园"为例，给我们详细讲解了配植的重要性。

首先，她讲到了植物的选择："并不是所有植物都喜欢高温、潮湿的夏季，是故，一如毛地黄、飞燕草、羽扇豆和楼斗菜等植物在北海道的表现就比在本州的表现好，花期更长，色泽更鲜艳。在'上野农园'里就大量使用了这些耐干燥，喜欢冷凉的植物。这些植物因为适应本地的气候不需要过多的呵护就可以慢慢长大了。"其次，作为一名花园设计师要有预知植物生长所需空间的能力，以免几年后植物的生存空间过于拥挤。好的花园依靠的是精确的设计，花园设计得越好，植物就越有

层次，日后的养护就越轻松。上野说，这就是她家"懒人花园"成功的秘诀。

被上野女士反复提到的"风之花园"就坐落在我们下榻的富良野新王子酒店内。所以，我们有足够的时间去品味这座曾经感动过全日本人的精品花园。虽然，距电视剧播出已有8年之久，然而，有赖于上野女士的精确设计，这座花园至今依旧保持着当年的丰满和灵性。

隐蔽在花丛中的大天使加布里尔仿佛在向我们诉说剧中的往事。往事中既有那首让人闻声即泪的《风铃草之恋》，也有剧中爷爷自创的那些令人费解的花语。

据说，风铃草的花语是花园里秃头矮人的遮羞帽。那么，这个秃头的矮人为什么会害羞呢？关于这个问题，待我下一次拜会"上野农园"的时候，一定得给我一个合情合理的解释才行。

08

园 居 的 一 年

8月，热煞人也！据说南方的气温此时已有38℃，连蚊子都被热得不再出来"害人"了。因为酷暑，众花友纷纷跑到相对凉爽的欧洲度假，我因为腿伤未愈，只好孤独地留在家里，每日通过网络阅读她们发自前线的"战报"。

战报说：她们已越过荷兰边界顺利到达了比利时，除了看花园以外，还在通厄伦（Tongeren）的跳蚤市场上，制造了一场不大不小的"骚乱"。通厄伦的跳蚤市场世界驰名，每周日（跳蚤市场只在每周日营业）都会吸引大量来自德国、法国、荷兰，甚至英国的"淘金客"蜂拥而至。当地人早已对这个"盛况"习以为常，这些外来游客的到访大约已成为通厄伦日常生活的一部分。然而，当30多个手握"真金白银"的中国花友突然冲进市场的时候，见惯了"市面"的通厄伦人也坐不住了。很快，当地的记者就到达了现场。第二日，当地报纸上就出现了有关中国买家"突袭"市场的报道（据说，这是中国人第一次组团来此购物）。想着比利时人撅着八字胡的惊愕表情我就会忍不住笑出声来，假如他们能和曾经在北海道访问过我们的日本记者交流一下，便会觉得中国人在通厄伦市场上的表现实属正常。

那一次，我们在北海道几乎席卷了当地园艺店里的所有产品，如围裙、修剪工具、小型的园艺机械（喷药设备等），甚至漂亮的花园休闲服、遮阳帽、防雨鞋等。

　　因为抵挡不住诱惑，兔毛娘最终也投身到了"爆买"的大军之中，所购之物不计其数。为什么说是不计其数呢？因为回国后整理账单时我才发现，当时拿的东西太多，收银员竟忙中出错，少收了一件男士花园休闲服的钱。后来，这件事不知怎么被8岁的兔毛知道了，自此，我就成了一名跳进黄河也洗不清的"盗窃犯"。每每我要起身到花园里透透气的时候，兔毛都会不失时机地取笑我说："爹呀，你要不要换上那身'偷'来的花园服？"我听完唯有苦笑，真心理解了"一失足成千古恨"，以及"哑巴吃黄连"的苦涩。

　　东西虽没少买，却最终没能让兔毛娘称心如意。自从回了北京，她就天天和我唠叨着要买和庄司夫人同款的围裙。为此，我不得不打开相册，在成千上万张相片里为她找出那条魂牵梦萦的围裙。

　　那么，庄司夫人到底是谁？她又系着怎样一条引人注目的围裙呢？

　　庄司夫人全名庄司友子（音译），是日本餐饮界著名的领军人物。她不仅拥有300间连锁餐厅，还拥有北海道最美的花园牧场——银河庭院。

银河庭院占地120公顷，由庄司夫人重金聘请英国金牌花园设计师邦尼女士设计。因为牧场太大，邦尼采用了户外分区的模式将牧场巧妙地分隔成了30个别具一格的主题花园。这些花园相互依托，又自成格局，最终串联成了日本最大的英式花园组群。难能可贵的是，其中4个花园分别获得过1994年、1995年、1998年和2004年英式花园大赛的金奖和准金奖。所有的这些荣誉，不仅彰显了设计者邦尼女士的非凡才华，也是对筹划者庄司夫人卓尔不凡的鉴赏品位的盛赞。

这30个主题花园，大小不一，风格迥异。有小巧玲珑的树屋花园（1995年英式花园大赛金奖作品），也有依山而建，气势磅礴的龙之园（1998年英式花园大赛金奖作品）和熊之园。

龙之园是座香草花园，阶梯式的花池内密布着藿香、迷迭香、荆芥和薰衣草等芳香类植物，让人闻香寻路，在心旷神怡中不知不觉就登上了这座丘陵状的小山。

小山之上，是牧场中欣赏云卷云舒的最佳地点，而远方风吹草低花似毯的美景，则绝不输于湖畔诗人华兹华斯笔下的英伦风光。小山之下，是由黄杨修剪而成，带有刺绣图案的古典花园。刺绣花坛，是典型的法式花坛，也是迄今为止所有花坛设计中最优美、最复杂的一种。

紧挨着古典花园的是黑白花园。黑色麦冬、矮牵牛，以及白色的本地玫瑰和绵毛水苏搭配出了一个带有彼岸色彩的冥想式花园。无色彩就是这座花园的色彩，如此的设计即使在欧洲也极为罕见。

　　黑白花园的北侧，是一个有围墙的帆船花园（2004年英式花园大赛准金奖作品）。为了配合水景，设计师在驳岸边栽种了大量的老鹳草和蓝鸢尾。单一的蓝色花卉会让人不自觉地联想到海洋，而墙上那些象征着遥远年代的拱门，和栈道上的船桨状栏杆，则暗示着曾经那些打破过平静的一次次远航。两个花园看下来，我禁不住要夸赞一下设计师在色彩运用上的独到见解。

黑白花园的南侧，是一条被斗篷草和绵毛水苏掩映着的小径。小径的尽头是主人的室外客厅——玫瑰花园。玫瑰花园的中心设有带顶棚的英式凉亭，此处便是主人品茶、聊天的去处。这里所说的"茶"，大多数时候指的是用玫瑰熬成的茶膏。偶尔（在盛花期的时候），也会是从花田里采摘的新鲜玫瑰花瓣。这种即摘即饮的方式，令我联想到《红楼梦》里"却喜侍儿知试茗，扫将新雪及时烹"的著名诗篇。由此可见，庄司夫人的生活方式是多么的随性、惬意和与众不同。

转过一个漂亮的园艺花门，即可到达主人家的玫瑰花田。花田很大，却不失园艺情趣。矗立在花丛中的各色润物，将花田有序地分成了不同的主题。这里既有一毛不拔的铁公鸡，也有波特小姐笔下小兔子们的"狡兔三窟"，如此种种让我猜测：庄司夫人一定是个童心未泯、有情趣的女人。

越过盛开着大滨菊的旷野，展现在我们眼前的是一栋带有童话色彩的草皮顶木屋。

草皮顶木屋是工人建好房屋后，在屋顶铺上土，再种上小草后完成。这样做有两大好处：一是，土层的重量能让屋顶的木头结合得更紧密。二是，屋顶的草皮可隔绝外来的严寒。这种工艺起源于古代的北欧，后由维京人带到英国。由于养护成本极高，也很容易受压坍塌，如今已基本被弃用。然而，因其房顶的特有功能，仍有少数富有的园艺爱好者将其改良后作为花园中独特的润饰。庄司夫人的这间木屋就是从英国整体订制，拆分后海运到本地组装完成的。以此足见，庄司夫人对于园艺的钟爱与狂热。更何况，她在这屋顶上种的是花而不是草。

　　我们最终在这间木屋里见到了眼光独到的庄司夫人。她50年前与丈夫一同买下了这片垃圾堆放场，并将它改造成了现在这个观光农场。如今，功成名就的她依旧保持着亲自接待来访贵宾的习惯。她不仅像家庭主妇一样和我们一起采了玫瑰、喝了早茶、分享了自己做的巧克力（用她的话说：程序复杂得让人做了一次就不想做第二次），还像商业伙伴一样和我们共进了午餐，亲手演示玫瑰茶膏和玫瑰化妆水的做法，并陪同我们参观了大型的园艺中心"花之牧场"，以及她引以为傲的"西红柿森林"（世界吉尼斯纪录保持者，单棵西红柿秧上结了17402个西红柿）。

　　虽事必躬亲，却不失应有的优雅。在陪同我们访问银河庭院的一天中，庄司夫人三易其装，以应对不同的场合和不同的工作。这

三套服装中就有兔毛娘心仪的皮围裙。回国后，我立即找到 Plants Dream 的创始人张彩虹女士给兔毛娘赶制了一条。兔毛娘说，这样的围裙，既不影响工作，又不影响对着镜头耍酷，堪称最具文艺范的"花园礼服"。

我一边端详着这些照片，一边不无所思地对兔毛娘说："也许，这就是庄司夫人的魅力所在吧，即使不再年轻也依旧对工作和事业一丝不苟，即使年近古稀也依旧对自己和生活没有丝毫的倦怠与放纵。"兔毛娘也感慨道："我们终有一日也会如她一样的苍老，希望那时的我们也能若今日的她一样，拥有这般一望无际的庄园牧场和无数件属于自己的漂亮围裙，同时也拥有如她一样'一日三易其装'的优雅和'扫将新雪及时烹'的随性。"

是时，太阳正缓缓地落于西方的林野，面对着这个由垃圾堆放场改造而来的美丽牧场。我忽然想到了《礼记》中的两句话："天无私覆，地无私载，日月无私照。奉斯三者以劳天下，此之谓三无私。"其意：天地有德，无论富人或穷人，它都会一视同仁地覆载我们。

如是，我对兔毛娘说："待我们如庄司夫人一样的苍老时，无论富足或贫穷，都应该若庄司夫人般勤奋且有尊严地活着，好好做园艺，好好照顾自己的土地，如此，才不负日月的无私，才可以若古代的先贤一样会桃花之芳园，序天伦之乐事。"

以上，就是我、兔毛娘和花友们留在北海道花园里的一些故事。第二日，暴雨如注，兔毛娘推着我，花友们推着"战利品"匆匆来到了新千岁机场。就在日本领队向我们鞠躬道别的时候，他接到了来自岩见泽的电话，松藤先生正冒着大雨赶往机场为我们送行。我听完，再一次惊诧得几乎要扔掉双拐瘫坐在机场大厅的地上，我不明白，他这出"萧何追韩信"到底要唱与何人？

如此看，"绿手指"和北海道的故事到此还真的尚未结束……

09

／

园 居 的 一 年

秋天一定要住北平。天堂是什么样子，我不晓得，但是从我的生活经验去判断，北平之秋便是天堂。论天气，不冷不热。论吃食，苹果，梨，柿，枣，葡萄，都每样有若干种。至于北平特产的小白梨与大白海棠，恐怕就是乐园中的禁果吧，连亚当与夏娃见了，也必滴下口水来！果子而外，羊肉正肥，高粱红的螃蟹刚好下市，而良乡的栗子也香闻十里。论花草，菊花种类之多，花式之奇，可以甲天下。西山有红叶可见，北海可以划船——虽然荷花已残，荷叶可还有一片清香。衣食住行，在北平的秋天，是没有一项不使人满意的。即使没有余钱买菊吃蟹，一两毛钱还可以爆二两羊肉，弄一小壶佛手露啊！

——摘自 老舍《住的梦》

白露刚过，北京的天很快就露出了老舍笔下的"北平蓝"。此时，我就走在万里无云的"北平蓝"下，路旁盛开着甲天下的天人菊和赛菊芋。路的尽头有一座既不能遮风也不能挡雨的"风雨亭"。然而，我猜想：假如老舍至此，也一定会和我一样坐在这亭下打打尖、歇歇脚，同时也环顾一下他和我都共同深爱着的"北平之秋"。

　　从亭前望出，是秋意渐浓的罗马湖。从亭后小屋里飘来的茉莉茶香，让我惦记起了因"一小壶佛手露"而停留在记忆中的"北平味道"。当然，先生有所不知，如今的一两毛钱可绝对买不上二两爆羊肉解馋了。或许，这就是北京与北平的区别所在吧。寻香入室，我见到了几位正在扶盏弄茶的女子，她们的宽袍大袖使北京秋日的湖畔平添了几分前朝的闲散和说不清的舒畅。

在茶室中，我和多年未见的国学教授董女士不期而遇。近几年来她一直在主讲《中国文学简史》，亦对《诗经》的研究颇有心得。和她在一起，我们不自觉地就会谈到我喜欢的老舍、老酒，她喜欢的诗经、茶经，以及我的旅行和她的壮游。还有，我园子里刚开过的绣球'安娜贝尔'和天竺葵，她在探访"秦风"故地时见到的"伊人"和"蒹葭"。

说到"蒹葭"，方才活跃的茶会就此沉寂，唯董老师自顾自地用她特有的温婉声音和缓慢语速细数着《诗经》里那些对我来说既陌生（名字很陌生）又熟悉（其实很常见）的古代植物。我听得如痴如醉，每个人都仿佛闻见了飘落自2500多年前那些花灌木顶端的古老花香。

董老师讲到最后发出了一声细微的感叹，她说她一直以来都有一个梦想，希望能建一座"诗经花园"，让那些古老的中原之花生根于现实的土地。

　　董老师的文学梦，触发了我的园艺梦。其实，作为园艺爱好者，当她在茶桌旁娓娓道来的时候，一座上古花园的瑰丽蓝图就已经在我的脑海中若隐若现了。我想，从色彩上讲，这座花园不应有太过绚丽的颜色。因为在上古，大多数花卉尚没有经过育种和杂交，所以要是在这样的花园里看到了黄色或者朱红色的月季，那一定是一件令人啼笑皆非的事。从风格上讲，它应该比任何一座现代花园都更接近自然，其所谓：古风犹存，自然而然。而从园艺上讲，它应该是属于最好打理的一类。因为没有经历过园艺管理的物种本身就具有野生时期所特有的强健性。

　　当然，建造这么一座上古花园也是颇有难度的，它需要国学家、植物学家、园艺家，甚至风景园林学家的共同参与才可完成。是故，我以为：董老师的梦固然是个伟大的梦，但在其上下求索的漫漫路上也必然密布着丛生荆棘。

　　对于爱做梦的人来说，在这般"北平蓝"下做个白日梦的感觉是美好的，为了这种美好，我决定走更多的路，去寻访更多的"梦中人"。

在9月的艳阳下，我遇到的第二个"梦中人"是画家老梁。因为要讨论给他花园配植的问题，我抽空去看了他正在建造中的中式大宅。

一进门他就告诉我，为了造这个园子，可谓倾囊而出，如今已经穷得连买树的钱都没有了。话题至此不免有些尴尬，于是，他请我喝酒（我喝酒，他喝水）。席间，他还津津有味地给我讲起了他的"叠山"大法。他说，在古代"叠山"是件大事，因为没有吊车，所以必须先把石头摆放到位后再造园、砌墙、配植。现在虽然有了先进的工具，"叠山"也依旧是个苦活。以他正在建造的"梁园"为例，所有的用石共计45吨，皆不远千里从南方运来。去年冬天，他和四五个工人一起用吊车把石头吊到水池边，再像小孩拼图一样，一块、一块地拼，如果拼不上，就把石头吊走再换一块接着试。干这活时正值腊月，他的腿都冻皲了。"你知道腿冻皲了是什么滋味吗？"他问。

我答："不知道。你都这把年纪了干吗还这么较真？"他说："叠不好叫人笑话。"听完这句，我就无话可说了，于是，我接着喝酒，他接着喝水。

在我眼中，这是一座永远都完不了工的园子。在他眼中，这里就是一想起来便笑得合不拢嘴的家。别人家的宠物是吉娃娃，他家沙发旁边蹲着的是石狮子。人和人的生活果然大有不同，就像我爱喝酒，他爱喝水，谁也改变不了谁，谁也拿谁没办法。

喝完酒我起身告辞，园子里再次剩下这位孤独的、闭门造山的匠人老梁。他送我出门的时候对我说："等我叠好了这些石头，咱俩再聊配植的事。"我苦笑着答他："你先慢慢干着，估计咱俩再见面，会在下一个猴年（12年后）。"老梁是个认真的人，他

· · · · · · · ·

掐指一算："用不了那么久，再有个三五年怎么也能
完工了。"我笑一笑再答："其实你享受的是'叠山'
的过程，所以你这'梁园'大约是个要活到老干到老，
永远都不会完工的大工程。"

离开"梁园"，我遇到的第三位"梦中人"是一
位我崇拜的园艺大师。去拜访她的时候，她正在开满
了荷兰小姐（福禄考）的木篱下精心布置着自己新打
造的岩石花园。

我问："过了白露才种，这些小苗熬得过即将到
来的严冬吗？"她胸有成竹地答："这些秋苗大约6
天就能发根，30天左右新根就全都木质化了，现在
距离上冻还有40天，到那时所有的秋苗都已经吃饱
喝足准备舒舒服服地休眠了。"

　　她一边说一边起身，兴致勃勃地引导我们欣赏花园里的秋之风采。此时，即将落幕的假龙头风韵犹存，蓝盆花和千屈菜花开正好。粉色的鼠尾草尤为夺目，而紫苑（'玫红地神'）、革叶金光菊、赛菊芋（'骄阳'）、天人菊（'日落精灵'）等种类繁多的菊科草本植物则把这座坐落在古运河畔的园子打扮成了老舍笔下的"秋日天堂"。

在介绍花园之余，这位园艺大师跟我谈道："我最近在研究《莎士比亚全集》，莎翁的剧本中出现过大量的草本植物。我的梦想就是终有一日，能够集齐书中所有植物的种子，创建一个世界上独一无二的'莎士比亚花园'。"

从"诗经花园"到"梁园"，再到"莎士比亚花园"。我看到了一位学者、一位画家，以及一位园艺家不同的园之梦。这些色彩斑斓的梦，最终在我的脑海里汇总成了我对未来那个花园中国的向往，这种向往让我的心情有着一如"北平蓝"般的朗与晴。此刻，我就坐在那座既不能遮风也不能挡雨的"风雨亭"下，漫不经心地看着花、看着草、看着山景。耳畔回荡着的全都是老舍先生的那句话："衣食住行，在北平的秋天，是没有一项不使人满意的。"这是老舍先生的"住的梦"，也是我的，以及每一位爱花人的"住的梦"。

10/

园 居 的 一 年

10月，朔风吹落了金黄的秋叶，给大地盖
上了一层暖暖的被子。

　　霜降之后，逡巡于地上的热气就转到了地
下。知冷知热的秋虫，亦会寻着这热气，重
回洞府，钻到温暖的"被窝"里，准备冬眠。

• • • • • •

此时，落了叶的植物形将枯萎，而根系却日渐发达。和秋虫一样，这些植物的根也正抓紧上冻前的最后时间储存养分，为即将到来的休眠期做着必要的准备。

农谚道："秋肥是金，冬肥是银，春肥是废铜烂铁。"常年和农作物打交道的农民们，熟知植物生长的习性，一语道出了秋季园艺工作的重点：施秋肥。

"秋肥"是指发酵好的鸡粪和豆饼。对于如何施肥，在药草女士翻译的《大成功！木村卓功的玫瑰月季栽培手册》一书中有详细的描述："一口气把植株周围都挖开会损伤根系，导致植株衰弱，所以把周围的用土六等分，每年在对角线的两个地方挖开加入堆肥。"

在施秋肥的同时，我通常还会对园中的所有植物进行一次"秋剪"。剪掉顶花之后，叶片通过光合作用制造出的养分就会回流到根部，这样做对植根冬季的养分储存会有很大的好处。

"秋剪"之后是"扫秋"。按照惯例，此时我家满院的繁花，就算完成了它们当年的任务，终于可以消停下来，安安静静地"休眠"了。

　　然而，今年入冬之前，酷爱倒腾的兔毛娘不知从哪儿倒腾回满满一车的茶菊种在了刚刚收获过的小菜园里。如是，这个原本已经清静下来的小园，再一次迎来了车马的喧嚣。

　　在书房里，我就能听到兔毛娘呼朋唤友，大呼小叫地研究"花草茶"制作方法的声音，而那些前来助阵的女人们，也的确不辱使命，仅在七嘴八舌之间，就把钟爱的园艺事业实实在在地落实到厨房里的案板上了。很快，茶室里大大小小的茶罐就被她们——清空，旋即又被塞满了刚刚处理过的各色"干菊"。于是，在今年这个即将到来的严冬里，与我做伴的就不再是惯常那些既暖胃又暖心的"熟普"茶饼，而将是这些据说有着排毒功效的"盐水泡菊"。

望着眼前的空茶碗我心生感叹："单反穷三年，种花毁一生。此话说的就是我们家的现状。倘若有来世，我一定要做个远离茶道、远离摄影、远离花草的'有志青年'。"兔毛娘听完也不生气，从容作答："你说的都是来世的事，来世的事最好还是交给来世的人来实现。"

做完了园中的"秋事"，我就锁上园门，一手挽着兔毛娘，一手拉着小兔毛，走过秋日的丛林，到好友睫毛新开业的餐厅贴"秋膘"去了。餐厅里聚集着"绿手指"读书会的花友，他们都是为了欢迎药草女士而来。

　　药草是翻译家，也是《花园 MOOK》的特约主编。我对书中颇具日式风格的"花园杂货"栏目情有独钟，栏中那些离奇的插图，常让我想起日本作家东野圭吾和他的悬疑小说《解忧杂货店》。其实，在我家的花园里，偶尔也会发生些古怪的"悬案"。每有案情发生，兔毛都会央求我用最快的速度找出肇事的元凶。比如，在隆冬的黎明，是谁将两行清晰的爪印留在了门前？在暮春夜晚，又是哪只小猫抓走了池塘里的小鱼？在夏天的清晨，是兔妈妈还是兔崽子溜进了家中的菜园？而在秋日的午后，又是哪位小朋友误食了姥姥晾在窗台上的花椒？

我其实并不在意小猫、小狗、小孩儿来园里吃点儿、喝点儿、拿点儿，相反，我觉得这才是郊野生活的乐趣所在。当然，我也很好奇：小孩儿吃了花椒后会有怎样的表现？嘴里和胃里又会有怎样的滋味？

和药草聊花园永远是令人心情愉悦的。在那个深秋的傍晚，我们不仅聊到了她主编的期刊，还聊到了植物，以及植物在花园中的运用，如何利用花园三大件（拱门、凉亭和家具）来打造个性花园等一系列在花园建造中常会遇到的现实问题。

药草的诸多见解常让我豁然开朗。比如，她说："在花园色彩搭配上，建议做减法，深色植物与浅色植物的搭配比例最好是2:8。深色植物会使花园显得凌乱，应谨慎使用，而浅色植物则会让花园显得柔和、温婉。"

　　她的这番话让我联想到了曾经在伦敦郊区威斯利花园（Wisley Garden）见过的那棵白色花灌木，也真正理解了为什么欧美人那么钟爱色彩单一的"白色花园"。坦率地说，我们的园艺意识和园艺技术与欧美人还存在一定的距离。然而，这也是一种优势，至少我们已经有了赶超的目标和学习的典范。

· · · · · ·

　　总而言之，我感觉国内现有的花园普遍缺乏设计感，大多数花友依旧是凭着朴素的热情，将各类植物在花园中简单地堆砌起来。要解决这个问题，首先要细究花园的布局。药草认为，花园的硬质铺装面积与植物种植面积的比例大约应该是5:5，种植面积过大不利于平时的养护。对此，我深有体会。建园之初，我家的种植面积曾达到全园总面积的80%，其后，在不断地改造中增加了木制露台和碎石铺装区，才使种植面积逐渐减少到了全园总面积的50%。大面积的硬质景观会让花园看起来较为呆板，通过精确设计而点缀在花园中的拱门、凉亭和室外家具，可为硬质景观起到柔化作用。

　　我曾经在胖龙园艺的"谧境花园"中看到过几座被命名为"天空の城"的拱门，它们的存在为这片充满野趣的林间增添了几分人文的色彩。而随意摆放在拱门前的几把花园椅，则让这片宽阔的空间即刻有了"室外起居室"的感觉。

　　试想，在风和日丽的午后，半躺在淡蓝色的"蛤蟆椅"上，品两口不会令人迷醉的勃艮第红葡萄酒，未几，倦意来袭，如是把鞋甩落在秋叶铺就的地毯上，继而和衣而卧在任由微风轻拂、暖阳照耀的拱门下，享受片刻假寐的随性。如此这般人与天地水乳交融的美妙，又岂是在隔着窗户晒太阳的室内所能感受到的？

　　在欧美人的观念中，花园即是家庭的第二客厅。室内、室外装修费用的比例大约为6:4。他们通常会把户外的休闲区设计在室内能够看得到的地方，让这个第二客厅一目了然，并且成为室内客厅延伸到室外的一部分。他们还会在休闲区的上方设置花架或葡萄架。这些

构建物可增加该区域的遮光性和立体感。而一旦棚架上爬满了月季、蔷薇或铁线莲等爬藤植物，这个休闲区就立刻变成了花园中引人注目的焦点。

正因为是焦点的所在，放置在棚架下的家具就要格外显著。英国人擅长使用鲜艳的长椅来提升休闲区的色彩，而美国人则偏好利用防水沙发来增加这一区域的舒适感。当然，这样的防水沙发一定价值不菲，然而，和室内客厅里娇嫩的小牛皮沙发相比，这点投资亦可算是微不足道了。有品质的花园生活一定是从有品质的花园家具和花园装修开始的，正因为欧美人在这方面的投资比我们多很多，所以他们的花园才比我们的更加诱人，他们的花园生活才比我们的更加丰富。

像装修房间一样装修花园，是药草一再强调的观点。我对此深表赞同，并且期待会有高水准的设计师服务于中国花园的未来，与此同时，亦更加盼望会有更多的花园拥有者愿意为设计师们的杰出设计买单。

聊到此，我再一次想起了矗立在"谧境"之中的那几座颇具设计感的拱门。趁服务员来结餐费的时候，我偷偷瞟了一眼兔毛娘的钱包，心中盘算着如何能将她钱包里的钱"骗"到手，然后一溜烟儿地跑回丛林里，将我和兔毛都深爱的那座"天空の城"买下来，搬回自家的郊外花园。因为，这个秋天看起来实在很像宫崎骏笔下的动画片。

11

园 居 的 一 年

11月，雪至此而盛。秋庭不扫携藤杖，闲踏梧桐黄叶行。这是一个秋冬交替的季节。

对于热爱园艺的人来说，冬季无疑是索然的。寒潮即来，园子里一片萧瑟。此时，夏秋开花的紫薇、木槿已被我进行了大刀阔斧地修剪（对于新枝开花的植物，冬季的修剪是尤其必要的）。而庭前那些不耐寒的小树，早已被兔毛娘迫不及待地穿上了冬衣（用草垫和草绳将树的下半部绑紧，再培上护根土，以防入木的寒风抽干植根的水分）。

● ● ● ● ● ●

　　黄杨虽不落叶（冬季庭院里的一大看点），但此时也应该做一次深剪（剪到距离地面70厘米左右的高度）。修剪黄杨的目的不仅是为了给绿篱整形，更是为了冬季防旱。毕竟，在浇过"冻水"后的三四个月，北方大地即将迎来千里冰封的极寒天气。在那些万里雪飘的日子里，人们无法给这些地栽植物浇水、补养，它们若想熬到明年早春，就全得靠自身顽强的生命力了。

　　"浇冻水"是指在北方夜间气温下降到0℃以后对花园进行的最后一次浇灌。这么做相当于给花园进行局部的"人工降雪"，其目的在于将表层土速冻成冻层土，以确保表土层的水分不会迅速流失，其后形成的冻层土亦会对植根有所保护，还可以冻死对植根不利的病菌、虫害。

　　浇冻水这天，我家的花园里就有了"水淹七军"式的壮观，直到我的雨靴足以陷入湿润的泥土中的时候，我才会心满意足地将鱼池和水管里的余水排干（以防鱼池和水管在上冻时被冻裂），再将全部花园工具上的淤泥濯清后储存。

　　浇完冻水回屋，喝过一碗浓浓的姜茶，我才暖和了过来。临窗而坐，我开始不着边际地设想到底该如何度过漫长冬季里的这些"刀枪入库，马放南山"的悠闲岁月。

　　到朋友的林地里去看雪的确是个很好的选择。和往年一样，我们这群深爱着园艺的人们最终在落满了黄叶的"谧境"中，一边和鸟儿们争食树上的海棠果，一边恋恋不舍地和2016年的"花园季"匆匆道别。初雪，使原本精致的花园呈现出了原野的气质，而冷风则把树梢上的残叶摇晃得哗哗作响。此时，一架飞机刚好掠过林尖，让我突然回想起如候鸟般频繁穿梭于太平洋上空的年轻岁月（在没有兔毛的年代，我是个飞遍了千山万水的旅行家）。

　　如是，我开始惦念起心中那个遥远的"南方"了，那里有从不会被积雪覆盖的绵延青山。如是，我瞬间明白了这段"马放南山"的日子该怎么度过：背起行囊去看一看大洋彼岸那个曾经再熟悉不过的"南方"。

　　"南方"，多雾，却没有霾。天晴的时候，人们可以看见一座名曰"旧金山"的"大山"。此地即为亚洲人进入北美洲的门户，横亘在海湾间的红色大桥被酷爱黄金的中国人称作"金门"。但凡来此旅行的人都一定要到"金门"去膜拜，而酷爱园艺的我和兔毛娘却更加偏爱这个城市的"绿肺"——金门公园。

金门公园占地4.12平方千米，横跨旧金山的53条街区，是世界上最大的人工花园（比另一片美国著名的城市"绿肺"——纽约中央公园还大20%）。如今我们所能看到的一切全都归功于一位叫约翰·迈凯伦的苏格兰园艺师，在我眼中他就是为造就这片园林而生的。

迈凯伦早年曾在爱丁堡皇家植物园学习园艺，自1887年起，接手设计旧金山金门公园，并在其后的53年间，监督建造了这座全世界最大的人工花园。在设计风格上，迈凯伦秉承了18世纪英国自然风景园林学派的造园哲学，主张花园要与自然融为一体。他不喜欢雕塑，认为那只是一堆没用的"熟石膏"而已。迈凯伦一生在此植树155000余棵，并优选了来自世界各地的8000多种植物创建了著名的旧金山植物园。年满60岁的时候，他拒绝退休，而在年届70岁之际，政府竟不惜修改法案以避免其被强迫退休，并将他的任期延长至终生。

想在这般广博的"荒芜之地"上造园必定困难重重。迈凯伦独具匠心地采用了化整为零的方法。首先把整个区域分隔成了十几个小花园，分而建之。其后，以曲径、草坪和水景将它们巧妙地连接在一起，如此，造就了这片世界上最大的人工景观。

　　对于"植物控"来说，旧金山植物园绝对是一个不容错过的景点。园中在冬季也依旧盛开的玉兰花，给来自中国的我带来了意想不到的惊喜。根据植物园的记载：这些玉兰花的原产地在中国，1780年被引种到了欧洲，其后，又漂洋过海才在北美生了根。望着一树的繁花，我心生感叹：园艺品种果然比原生品种更养眼（中国的原产玉兰花通常只在初春开放，我猜想这些在冬季也开花的玉兰花应该是杂交品种）。除了木兰科植物，花友们在这里还可以欣赏到来自安第斯山脉、中美洲和南亚的云雾森林植物、红杉树林，来自东南亚、南非和大洋洲的优选植物，以及加州本地的植物。

· · · · · · ·

● ● ● ● ● ●

　　旧金山属亚热带气候，即使到了11月下旬，园中的草木依旧繁茂。在山脚下，我们能看到新西兰火树和铁线莲交相辉映，而在半山腰，则有南美的帝王花和粉百合争相斗艳。在园中，即使最普通的松枝也骄傲得一如皇家骑警头上那些优雅的盔穗，然而，在远东被视为名贵之花的君子兰却只不过做了花灌木下的地被陪衬。

　　徜徉在这般绚丽的冬季花园里的感觉是奇妙的，那些洒落在青苔上的阳光常让我有着再一次回到了暮春的幻觉。亚热带的冬天就是这般宜人，凉爽的风裹挟着来自太平洋的潮气再一次吹绿了金门两岸的青山。所以说，冬季对于加州是很特别的，几乎所有的大型户外活动都会在此时开展。

　　对于金门公园来说，1894年的冬季也注定意义非凡。在此举办的加利福尼亚冬季国际博览会（California Midwinter International Exposition）为这里带来了一座具有东方情调的"日本村"（Japanese Village）。

　　博览会结束以后，公园总监迈凯伦与日本园艺家萩原真琴（Makoto Hagiwara）签订了一份"君子协定"，委托他将这个"日本村"扩建成一座日式茶庭(The Japanese Tea Garden)。萩原真琴不负迈凯伦的重托，在其后的45年间，用尽了全部的家财和绝学在此造园，并最终在异国的土地上完成了一座足以震惊西方园艺界的东方佳园。

　　阅读相关史料的时候，我不免心生感动。我想，唯有生活在那个时代的人才可以被称作绅士，而唯有在绅士之间，才会产生如此肝胆相照的"君子协定"。

　　走入萩原真琴的茶园，就仿佛走回了20世纪40年代。在锦鲤池畔的茶亭里，仿佛依旧能听到旧时代的"君子"们对于东方园林和西方园林孰优孰劣的争辩。转过茶亭可以看到一片更大的池泉，水中不仅有质朴的汀步、玲珑的水塔，更有造型各异的日式松柏。自枫树掩映的小径拾级而上，即可到达位于半山的神门和宝塔，这里是茶园的制高点，也是俯视池泉的最佳位置。茶园的景色堪称至美，粉红杜鹃在台亭间盛放，成群的锦鲤在池泉中遨游，唯有偶尔飘落的银杏树叶提醒着我，此时已是旧金山的冬天。

和迈凯伦摒弃雕塑和人工痕迹的自然主义风格不同，萩原真琴的茶园里到处都充满了极具象征主义的石灯、鼓桥（Moon Bridge 1894年建于日本，拆运至旧金山组装）和充满了宗教意味的枯山水（Zen Garden）。此间的一切皆说明，作为施工总监的迈凯伦不仅是位园艺大家，还是一位能够欣赏、包容，甚至鼓励其他学派有所建树和发展的一代宗师。

迈凯伦和萩原真琴，一个来自欧洲，一个来自亚洲；一个从事了53年的园艺工作，一个从事了45年。可以说正是因为他们的珠联璧合，金门公园的园艺景观才会具有如此的丰富性和多样性。然而，萩原真琴的结局远没有迈凯伦幸运。1942年，因为太平洋战争的爆发，他被赶出了茶园，并和12万美籍日本人一起关进了战时集中营（此时，距离迈凯伦辞世仅剩不到一年的时间）。

离开茶园时已近黄昏，夕阳中的茶亭充满了茶道宗师千利休所说的"侘寂"之美（或者说是萩原真琴的离去之美）。我想，这种美一定要经过时间的沉淀才能真正为世人发现、体味和理解。很荣幸，在萩原真琴离去了多年以后，他所创造的美竟然被冬季偶然来此闲逛的我遇见。

离开茶园，我立即赶赴在北美花友家中举办的感恩节晚宴。刚进园门我就被扑面而来的臭气熏得差点儿窒息。花友看到我的样子哑然失笑，赶紧解释道："快进屋吧，邻居家又来臭鼬捣乱了。"

晚宴期间，我们再次聊到了臭鼬，花友告诉我这种动物在加州很常见，它们会在黄昏时跑到花园里来寻找食物。遇到天敌或人类，就会翘起尾巴释放"毒气"。这种"毒气"能使被击中者短期失明，而臭味则足以传播至800米以外。所以，一旦遇到臭鼬来访，小镇上的人家全都门户紧闭，生怕稍有不慎引得它老人家发"脾气"。除了臭鼬，当地花园里常见的不速之客还有地鼠和浣熊。浣熊最喜欢全家出动，借着月光一字排开跨过栅栏跑到花园里来"聚会"。因为民间传说浣熊有将食物放在水中洗一洗才吃的习俗（其实是以讹传讹），所以它们并不像臭鼬一样遭人嫌弃。有人甚至会在家门口放个食盆，专门邀请浣熊们来吃"大餐"。日久天长，浣熊就和当地人成了朋友，偶尔，食盆里的食物不够吃，它们还会用小石子敲打主人家的门借以为浣熊崽们"讨食"。

• • • • • •

　　这些发生在加州花园里的故事对我来说简直就是"天方夜谭"，在北京除了野猫和小鸟，我的花园里就再无访客了。席间，为了"偶遇"可爱的浣熊一家，我偷偷用餐布包了点儿蔬菜和火鸡。然后，走到了花园里，倚着园门眺望不远处那条被月光照耀的小溪。

　　我想看看，

　　在月光下，

　　到底有没有传说中的西施浣纱，

　　或者浣熊讨食。

　　我很想亲手把食物递给它们，然后听它们对我说：感恩节快乐！

12/

围居的一年

兔毛虽然已经9岁，但依旧保持着一份童真。

12月23日，她认认真真地写好了给圣诞老人的信（比作业写得还认真），然后穿上羽绒服出门寄信。不过，很快她又拿着信回来了。我问："怎么没寄？"她答："邮筒被'拆迁'了。"我笑着回她："邮筒不会被拆迁。现在大家都用电子邮件，没人寄信了，门口的邮筒估计被撤销了。"兔毛又问："那咋办？"我答："你就把信插在靴子上，圣诞老人会像快递小哥一样自己取件，自己派件的。"

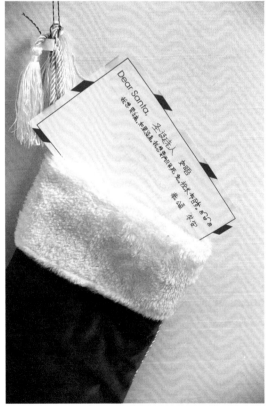

12月24日晚上，兔毛早早地躺上了床，并坚持不让我们陪睡。因为她听说圣诞老人是不会光顾有大人在的房间的。然而，刚躺下没多久，她就不无忧郁地爬起来，跑到书房和我聊天。兔毛问："爹呀，幸亏咱们住在乡下，圣诞老人可以从烟囱爬进屋，可那些住在城里的同学怎么办？她们家里没烟囱，圣诞老人打哪儿来？"我听完一愣，不知如何作答。还是兔毛娘反应快，回道："没烟囱也没关系，圣诞老人会从油烟机的管道里钻进去。"兔毛听完放了心，高高兴兴地回房睡觉。然而，我却夜不能寐等着正点给她的圣诞靴里放礼物。我一边等一边想，12点一过，大街上得多热闹呀！一帮伪圣诞老人（全世界的老爸们）就算忙活开了，有上房的，有爬楼的，有捏着鼻子扎烟囱的，还有屏住呼吸往油烟机里钻的，场面一定比"春晚"的小品全串一块儿还好看。10年后，等兔毛长大了，不用老爸再"钻烟囱"的时候，我一定得搬个马扎，坐在街边，好好将圣诞前夜这一幕楚楚"冻"人的大戏，认认真真地欣赏一番（可怜天下老爸心）。

隆冬，兔毛的最爱是圣诞节，而我的最爱则是雄赳赳气昂昂地跨过长江去参加全国花友共聚梅岭的"围炉夜话"。这里所说的梅岭，位于湖北省武汉市的东湖之滨，与苏州邓尉、杭州孤山、广东罗湖山齐名，并称为中国四大赏梅胜地。和其他三地不同，东湖的梅岭上多了一片"灼灼有芳艳，本生江汉滨"的蓼花花海。蓼花，小巧而不张扬，单看甚至有些柔弱。然而，当它们串联成片的时候，立刻就有了"临风轻笑久，隔浦淡妆新"的旖旎。

　　沿此花海上行，即可到达毛主席居住过的别墅。主席一生曾到访这里44次，最长的一次住了半年之久，可见这里的环境有多么宜居。

　　主席居住过的别墅建于1960年，由3座建筑组成。庭院面积0.83平方千米，东院与东湖相邻，西院与珞珈山、磨山隔岸相望。园内遍植他老人家喜爱的松、竹、梅，以及老一代园艺工作者从全国各地移栽来的珍木佳卉，实可谓中国园林的典范。

　　此番梅岭论花，来的全是国内顶尖的园艺高手。我们相识于2016年7月成立的"绿手指"读书会，并且每周在线上一起学习园艺知识，分享种植和造园的各种经验。日久必然生情，大家都渴望着能有一次面对面交流的机会。如是，"绿手指"就开始策划一系列全国性的花园探访活动。

　　除了梅岭论花，此行我们还拜访了"绿手指"编辑部，这里是中国大多数园艺图书的诞生地，也是"绿手指"世界园艺研修之旅的始发站。迄今为止，我们已跟随"绿手指"探访了日本、澳大利亚，以及非洲等国家的若干花园。和园艺编辑们座谈的感觉是奇妙的，大家彼此之间都有着一种遇到了"知心人"的独特感觉。然而，当我无意间走入了编辑们真实的花园生活的时候，才恍然大悟，原来这种"知心"源于她们远胜于我的对于园艺的理解和实践。

• • • • • • •

比如，我那位永远都和蔼可亲的编辑大姐。虽然，在北京的时候，我和她接触很多，但她却很少提及自己的花园。她从不参加任何公开的花园大赛，也很少邀请朋友到花园参观（即使我到了她家的客厅，她都没主动带我到楼上看看）。然而，她的秘密花园，最终还是被有着一颗花园探访之心的我给发现了。

闻着花香，我爬上了顶楼。在屋顶视野最好的地方，我见到了一座迄今为止我所见过的中国最好的"杂货花园"。我回头埋怨大姐为什么不早点带我上楼，而她却一直小声说："上面乱七八糟的，都是些破烂儿，怎么好意思让你看。"

　　大姐所说的"破烂儿"就是这些从世界各地收集回来的杂货。那天，我在她家的天台上才算是真正明白了"破家值万贯"这句话到底该怎么理解（杂货往往要比新品贵出好几倍的价钱）。

　　"花园杂货"最初指的是被别人废弃的旧货，其后泛指旧货或被故意做旧的花园装饰品。是故，"杂货花园"又被称作 Junk Garden 或古董花园，是现今欧美最具文艺范的花园玩法之一。

　　花园杂货千奇百怪，想要将它们组合得和谐统一就需要有极高的艺术鉴赏力。巧妙的搭配会让这些花园古董焕发生机，更能使其间的花草绽放出艺术气息。我问大姐其中的奥妙？她迟疑了一下回答："其实也没有什么奥妙可言，唯一要注意的是花园中色彩的搭配。"我再问："这些花到底该怎么搭配才能和杂货协调呢？"大姐再答："花园杂货通常都是暗淡无光的，所以在花卉的选择上要采用'去强烈色调'的手法，以避免花园中巨大的色调反差。"

　　为了统一色彩，大姐不惜把花房中新购置的棕色餐桌和白色屏风全都刷成了湖蓝色，以期与摆放其间的杂货形成相同的"灰度"。大姐说："当色彩愈加'发白'的时候，就会营造出非常温柔、谦和的氛围，它们呈现出来的渐变效果也会非常好看。"

　　听了大姐的话，我不禁感叹，大约唯有到了如此境界的人，才能驾驭这满园的古董和杂货。从某种意义上讲，大姐的文化"灰度"和她花园的"灰度"是一致的，而唯有对艺术和美学都有了深入研究的人，才能将这些"人弃我取"的"废物"，巧妙地组合成一个兼具时间之美、颓废之美和时尚之美的另类花园。

　　大姐的花园由阳光房和户外露台两部分组成。坐在阳光房里就可以清晰地看到露台上那道被当作"障景"的隔墙。

　　隔墙之右是用旧砖搭建起来的拼花照壁，照壁上的"和合二仙戏莲图"则完全可被视为这个古董花园中的点睛之笔。

　　隔墙之后是一个宽敞的户外休闲区，茂密的绿篱在长椅背后形成了一道足以"障丑显美"的背景墙（因为是空中花园，如果没有这道绿篱，其边界就会显得突兀，也会让恐高的人有一种如临深渊的不安全感）。该区域的上方是一个巨大的植物攀爬架，架上悬挂的仿古吊灯明确地告诉人们：这里就是主人的室外客厅（用室内材料装饰室外，也是杂货花园的装饰特点之一）。而水泥墙上看似随意点缀的几片瓷砖立刻就让这个"客厅"平添几分高迪的风范。

　　休闲区的旁边有一条小小的花径，花径的一边摆放着主人的安乐椅，椅边侍立着象征吉祥的仙鹤塑像。我和大姐打趣："你这是要做空中花园里的闲云野鹤吗？"大姐回我："哪有那闲心，我这花园盖了几年都盖不完，今天这儿淘点旧木头，明天那儿收点旧砖，每天零敲碎打，连工人都嫌烦……"

　　花径的另一边是一间别具一格的户外起居室。墙上挂着的梳妆镜和桌子上摆放的琳琅满目的花盆和杂货，再一次提醒我：这里是一座典型的女性花园。起居室的门后，还藏着一座小小的厨房花园。这个区域虽小，却足以体现一位女性对于食物和烹调的热爱。

　　沿厨房花园旁的梯子可以上到露台的二层，这里是俯视花园的最佳位置。很遗憾，因为花园的上方大多被植物的爬藤架所覆盖，所以我最终也没能找到合适的角度来拍摄一张全景图。然而，隔着爬藤架，依旧可以清晰地看到这座花园的整体布局。它由靠近建筑入口的阳光房、照壁小庭院，以及围绕着小庭院的、U字形的一连串花园小景，即花园客厅、花径、花园起居室和厨房花园组成。

对于一个面积只有200平方米的露台来说，此处已承载了太多的园艺信息。倘若不是高手中的高手，又如何能将这纷繁复杂的一切按部就班地协调统一在一起呢？即使是与我同行的英国学院派风景园林设计师余传文先生看过之后也不禁夸赞："假如不是冬天，这个花园得美成什么样啊！其设计之精，陈列之巧，绝对不输于我在英国见过的任何一个杂货花园。"

对于这样的称赞，我这位编辑大姐坚辞不受，她说："我只是一个'拾荒者'，把全世界没人要的破烂儿全都挑挑拣拣'拾'回家了。"我听完又和她打趣道："您下回满世界'捡破烂儿'的时候最好也叫上我，我不仅要跟您学园艺，更要跟您学些'捡破烂儿'的手艺。"

满世界"捡破烂儿"这事儿的确令人向往。自鄂返京后没几天，我就瞒着编辑大姐悄悄去了趟纽约。然而，我却没有大姐的法眼，纽约的"破烂儿"也着实贵得吓人。

我问朋友："这儿有卖杂货的市场吗？"朋友想了半天说："杂货？没有。纽约只有约克大道上的苏富比拍卖行和老古玩店。"我又问："那有什么花园可看吗？"朋友答："这季节？就连最著名的电池公园估计也一样枯草连天。"

　　聊到电池公园我就想到了被称作荒原缔造者的荷兰园艺大师皮特·欧多夫和他的"新浪潮"种植风格 (New Wave Planting Style)。他所选用的植物大多不是常见的观赏植物，而是多年生的野生植物，并以此缔造出一年四季枯荣交替的自然景观，其在纽约的代表作有电池公园和高线公园。

　　为了看一眼"新浪潮"（也是因为倒时差睡不着觉），次日凌晨5点，我就披衣起床，独自穿越寒冷的曼哈顿，去拜访大名鼎鼎的电池公园。途经华尔街，矗立在这里的纽约证券交易所，让我一下子想起了2016年初经历的那场令人心痛的股市"熔断"。看着天色尚早，我便在华尔街街边的咖啡馆里喝了杯咖啡，吃了顿早餐。其后，还给自己留了点儿时间用以回忆那有惊无险、曲曲折折的2016年。

　　2016年初的金融风暴差点让我"再置业"的计划成为泡影，所以在2016年的前3个月里我只是想重修我的"废园"。然而，始于4月的一次小反攻，却让我意外地收复了"熔断"的失地。于是，我赶快从股市中撤资，心满意足地完成了再置业。当然，为此我也不得不卖掉本想重修的"废园",用以支付高得吓人的新房房款。所幸,新房和旧房的交房时间都被定在了2017年春天,如是,我尚可在自己的花园里悠闲地度过2016年余下的时间。

　　生活的大起大落,就像庭院里的花落花开。就在我刚刚为置办了新花园而沾沾自喜的时候,一次意外崴脚而引起的骨折又让我不得不在轮椅上度过了春光无限的5月、6月和7月。伤筋动骨一百天。这3个月不能自理的生活让我明白:男人平时最好还是对自己的女人好一点儿。否则,当你虎落平阳的时候,有谁会推着轮椅翻越千山带你去看远方的花园(6月,兔毛娘推着我远赴北海道看花园)。

接下来的8月、9月当然是令人鼓舞的。因为，虽然还有点跛，但我终究能站起来，一瘸一拐地去参加新书《我承诺给你的美丽新世界》的签售会。

10月、11月的大部分时间都被我花费在了搬家前的准备工作上。初雪那天，我终于收拾停当，并最后一次锁上了园门。2017年，开启这门锁的就将是花园的新主人，而我亲手种下（已有8年）的蔷薇亦从此不知为谁盛开。

岁末，2016这趟年度的列车再一次鬼使神差地把我带到了纽约证券交易所门前。一切就像一个从哪里开始就一定要在哪里结束的宿命之圆。这个宿命之圆让我想到中国先贤曾经讲过的"五行"和"太极"，而隐藏在华尔街街灯光晕下的那只属于亚当·斯密的"无形之手"，则让我慢慢理解了什么叫作"不具人格的自然之力"，或者说是"无律之律"。无律即有律，它的律就是中国先贤常说的"飘风不终朝，骤雨不终日"的反者道之动的天律。每一个遵循天律的人，最终都能在时间的宿命之圆里，寻找到自己那个"也无风雨也无晴"的"祇园"。在"祇园"的东篱下，可以采菊、可以小憩，也可以转过头从容地望见悠然的南山。

　　华尔街的黎明是宁静的，静得让人足以忘却"熔断"的"血流成河"和"刀光剑影"。然而，一旦挨到天光见亮，咖啡馆里立刻就挤满了穿马甲或打着领结的金融客们。这是他们"出征"前最惬意的早餐时光吧。亦不知今日，他们终究会得胜而归，还是铩羽而还？在这般略带"杀气"的咖啡馆里空想老子的"夫唯不争"是多么的可笑和不合时宜。这里的人也许更喜欢功利主义的墨子和他所谓的："断指以存腕，利之中取大，害之中取小也。害之中取小，非取害也，取利也。"于是，我起身匆匆地走出了被圣三一教堂的阴影笼罩的华尔街，在电池公园的长椅上，再一次体味到了回归自然带给我的快感和愉悦。

　　此时，朝阳正从哈德逊河口上冉冉升起。在晨曦的光影中，我看到"自由女神"在向我召唤，唤我渡过眼前这条冰冷的"现实"之河，到温暖的彼岸去播种生命中的第二座"祇园"。然后，在那座"祇园"里续写我园居的一年，一年，又一年。

12月31日，我在堆满了纸箱的书房里做着搬家前的最后准备。整理旧信的时候，发现了父亲在1986年写给我的一张字条。我至今都清楚地记得这是上大学前他写给我的临别赠言。在字条中他写道："有些感情时过境迁就随风消散于无；有些感情却如细水悠悠，恒久在我们心灵深处汨汨地流动着，时空的距离不足使它消散。"

　　如今，又到了告别的时候（与陪伴着兔毛度过了整个童年的旧宅，与我辛苦耕耘了已有八载的花园）。那么此刻，我是否也该像父亲一样，对过往的人、过往的事、过往的花园，以及过往的生活写些道别的话呢？慎思良久，我写道："此中有真意，欲辨已忘言。"写完这句话，我停下笔，在心里默默对30年前写下那张字条的父亲说："你的南山就是我的花园。"

园居手账

NAME

DATE

01 / JANUARY

星期	星期	星期	星期
1	2	3	4
8	9	10	11
15	16	17	18
22	23	24	25
29	30	31	

星期	星期	星期	01
	6	7	
	13	14	
	20	21	
	27	28	

02 / FEBRUARY

星期	星期	星期	星期
1	2	3	4
8	9	10	11
15	16	17	18
22	23	24	25

星期	星期	星期
	6	7
	13	14
	20	21
	27	28

03 / *MARCH*

星期	星期	星期	星期
1	2	3	4
8	9	10	11
15	16	17	18
22	23	24	25
29	30	31	

星期	星期	星期	03
	6	7	
	13	14	
	20	21	
	27	28	

04 / *APRIL*

星期	星期	星期	星期
1	2	3	4
8	9	10	11
15	16	17	18
22	23	24	25
29	30		

星期	星期	星期
	6	7
	13	14
	20	21
	27	28

05 / MAY

星期	星期	星期	星期
1	2	3	4
8	9	10	11
15	16	17	18
22	23	24	25
29	30	31	

星期	星期	星期
	6	7
	13	14
	20	21
	27	28

06 / JUNE

星期	星期	星期	星期
1	2	3	4
8	9	10	11
15	16	17	18
22	23	24	25
29	30		

星期	星期	星期
	6	7
	13	14
	20	21
	27	28

07 / *JULY*

星期	星期	星期	星期
1	2	3	4
8	9	10	11
15	16	17	18
22	23	24	25
29	30	31	

星期	星期	星期
	6	7
	13	14
	20	21
	27	28

08 / AUGUST

星期	星期	星期	星期
1	2	3	4
8	9	10	11
15	16	17	18
22	23	24	25
29	30	31	

星期	星期	星期
	6	7
	13	14
	20	21
	27	28

09 / SEPTEMBER

星期	星期	星期	星期
1	2	3	4
8	9	10	11
15	16	17	18
22	23	24	25
29	30		

星期	星期	星期
	6	7
	13	14
	20	21
	27	28

10 / OCTOBER

星期	星期	星期	星期
1	2	3	4
8	9	10	11
15	16	17	18
22	23	24	25
29	30	31	

星期	星期	星期
	6	7
2	13	14
9	20	21
6	27	28

11 / NOVEMBER

星期	星期	星期	星期
1	2	3	4
8	9	10	11
15	16	17	18
22	23	24	25
29	30		

星期	星期	星期
	6	7
2	13	14
9	20	21
6	27	28

12 /

DECEMBER

星期	星期	星期	星期
1	2	3	4
8	9	10	11
15	16	17	18
22	23	24	25
29	30	31	

星期	星期	星期
	6	7
2	13	14
9	20	21
6	27	28

01 / JANUARY

1

2

3

4

5

6

7

8

9

10

11

12

13

14

01 / JANUARY

15

16

17

18

19

20

21

22

23

24

25

26

27

28

01/02 FEBRUARY

29

30

31

1

2

3

4

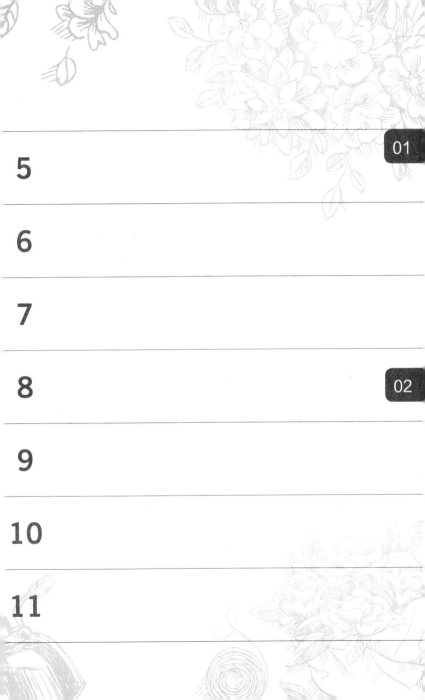

5

6

7

8

9

10

11

01

02

02 / FEBRUARY

12

13

14

15

16

17

18

19

20

21

22

23

24

25

02/03 MARCH

26

27

28

1

2

3

4

5

6

7

8

9

10

11

03 / MARCH

12

13

14

15

16

17

18

19

20

21

22

23

24

25

03/04 APRIL

26

27

28

29

30

31

1

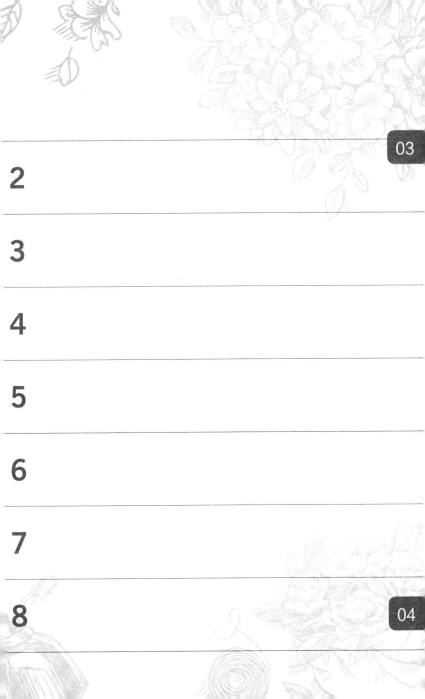

2

3

4

5

6

7

8

04 / APRIL

9

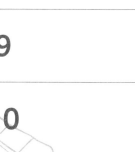

10

11

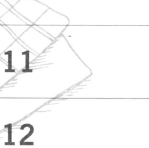

12

13

14

15

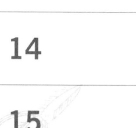

16

17

18

19

20

21

22

04/ 05 MAY

23

24

25

26

27

28

29

30

1

2

3

4

5

6

05 / MAY

7

8

9

10

11

12

13

14

15

16

17

18

19

20

05/06 *JUNE*

21

22

23

24

25

26

27

28

29

30

31

1

2

3

06 / JUNE

4

5

6

7

8

9

10

11

12

13

14

15

16

17

06/07 JULY

18

19

20

21

22

23

24

25

26

27

28

29

30

1

07 / JULY

2

3

4

5

6

7

8

9

10

11

12

13

14

15

07 / *JULY*

16

17

18

19

20

21

22

23

24

25

26

27

28

29

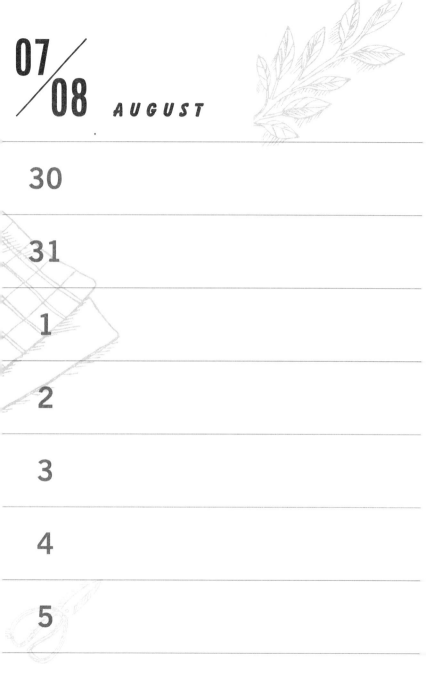

07/08 AUGUST

30

31

1

2

3

4

5

6

7

8

9

10

11

12

08 / AUGUST

13

14

15

16

17

18

19

20

21

22

23

24

25

26

08/09 *SEPTEMBER*

27

28

29

30

31

1

2

3

4

5

6

7

8

9

09 / SEPTEMBER

10

11

12

13

14

15

16

17

18

19

20

21

22

23

09/10 OCTOBER

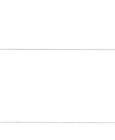

24

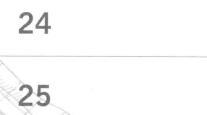

25

26

27

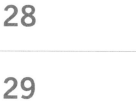

28

29

30

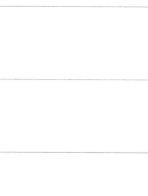

1

2

3

4

5

6

7

10 / *OCTOBER*

8

9

10

11

12

13

14

15

16

17

18

19

20

21

10/11

NOVEMBER

22

23

24

25

26

27

28

29

30

31

1

2

3

4

11 / NOVEMBER

5

6

7

8

9

10

11

12

13

14

15

16

17

18

11/12 DECEMBER

19

20

21

22

23

24

25

26

27

28

29

30

1

2

12 / DECEMBER

3

4

5

6

7

8

9

10

11

12

13

14

15

16

12 / DECEMBER

17

18

19

20

21

22

23

24

25

26

27

28

29

30

31

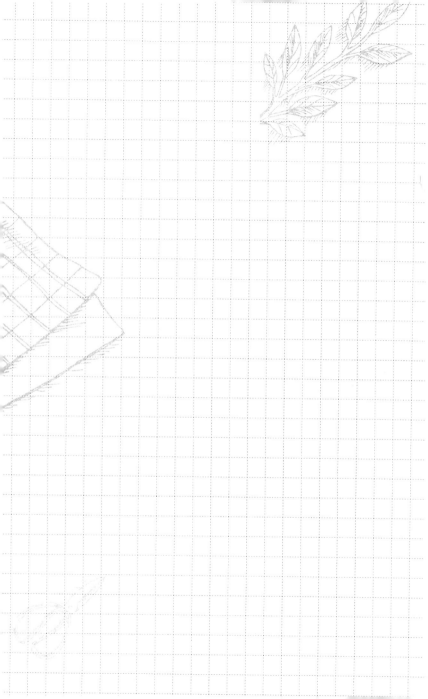

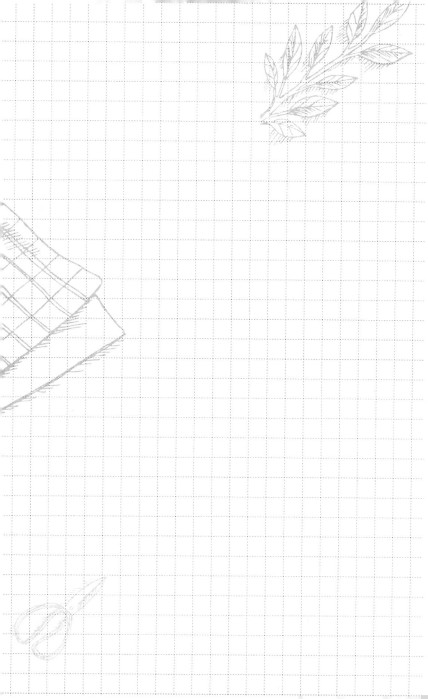